Philosopher's Stone Series

哲人石丛书

❦❧

立足当代科学前沿
彰显当代科技名家
绍介当代科学思潮
激扬科技创新精神

策 划

潘 涛 卞毓麟

Philosopher's Stone Series

当代科普名著系列

上海出版资金项目
Shanghai Publishing Funds

生命的引擎

微生物如何创造宜居的地球

保罗·G·法尔科夫斯基　著

肖　湘　蹇华哗　王风平
　　　　　　　　　　　　　　译
张　宇　徐　俊　刘喜朋

上海科技教育出版社

图书在版编目(CIP)数据

生命的引擎:微生物如何创造宜居的地球/(美)保罗·G·法尔科夫斯基(Paul G. Falkowski)著;肖湘等译. —上海:上海科技教育出版社,2017.12(2022.6重印)

(哲人石丛书)

书名原文:Life's Engines:How Microbes Made Earth Habitable

ISBN 978-7-5428-6635-6

Ⅰ.①生… Ⅱ.①保… ②肖… Ⅲ.①微生物—普及读物 Ⅳ.①Q939-49

中国版本图书馆 CIP 数据核字(2017)第 268343 号

充满了惊喜……非常有益。

——弗兰纳里(Tim Flannery)，

《纽约书评》(*New York Review of Books*)

有趣、易读且充满历史感。

——沃尔夫森(Adrian Wolfson)，

《自然》(*Nature*)

非凡的文字……我从一开始就被这本书迷住了。

——科尔特(Roberto Kolter)，

《细胞》(*Cell*)

法尔科夫斯基在生物科学和地球科学之间自如地游走，帮助我们了解微观的单细胞生物使地球变得宜居的步骤。

——《宇宙》(*Cosmos*)

愉快的阅读体验，通过无缝编织的概念、个人轶事和类比的运用，这本书几乎涉及大学生物学课程中的每一个主题……对这本书的阅读激发我去了解更多。这本书对任何有基本科学知识的人来说都是很容易理解的，它提出了很多问题可供进一步探讨。

——《选择》(*Choice*)

权威、全面、令人愉快的……很迷人，不仅留给读者一个关于地球历史的重要科学框架，还有重要的科学问题，它们达到甚至超越了我们目前对一个未知世界的理解，这个世界等待着我们进一步探索和发现……法尔科夫斯基是一个天才的科学家、作家和传奇的叙事者。

我立刻被法尔科夫斯基谈话式的、流畅的文笔所吸引……个人轶事……有趣的主题选择……一个讲故事的大师。

近40亿年来，微生物有着只属于自己的原始海洋。作为地球的管家，这些生物改变了我们这个星球的化学性质，使之适于居住。《生命的引擎》带领读者深入到微观世界，去探索这些奇妙的生物如何使地球上生命的存在成为可能，去了解如果没有它们，人类将如何不复存在。法尔科夫斯基以富有洞察力和幽默感的文字解释了微生物内部的微型引擎是如何建造的，以及它们如何在每一个行走、游泳或飞行的生物体内像乐高玩具一样被装配和组装。法尔科夫斯基向我们展示了进化如何保持这种生命的核心机器，他还发出了警告：摆弄这些生命的机器使其更"有效"地满足日益增长的人类需求，这种行为将会在未来的世纪中带来危险。《生命的引擎》生动有趣地讲述了支持我们生存的微生物的故事，将激发我们对这一优雅复杂的生命形式的思考。

保罗·G·法尔科夫斯基(Paul G. Falkowski,1951—)，美国罗格斯大学海洋生物科学教授。主要研究浮游植物和初级生产力，也涉及生态进化、古生态学、光合作用、生化循环系统和天体生物学等更广的领域。1975年在英属哥伦比亚大学获得生物学和生物物理学博士学位，之后在罗得岛大学进行博士后研究，1998年加入罗格斯大学。他于2002年成为美国艺术与科学院院士，2007年成为美国国家科学院院士。他是《水生生物光合作用》(*Aquatic Photosynthesis*)这本著名教科书的共同作者。

献给我的父母,埃德(Ed)和海伦(Helen),我的妻子同时也是朋友,拉斯金(Sari Ruskin),以及我们的女儿,萨沙(Sasha)和米丽特(Mirit)

目
录

非常高兴看到我的书《生命的引擎》被翻译成中文，即将与非常想要了解生物细胞中的生命机器如何工作以及它们从何而来的读者见面。

同时我也感到些许忐忑，因为这本书中的许多核心概念可能已经为一些中国科学家所熟知，只是我的中国同行们可能还没有针对大众读者讲述这些概念。无论怎样，我们的文明因文化和语言的差异已经分隔了几千年，本书能出版中文版，我深感荣幸：我个人的一些想法可以借此传递给更多的读者。

这本书意在使读者了解我们对生命及其与地球的关系的认识。但更重要的是，我希望每位读者都能了解微生物在使地球成为一个宜居星球方面的重要性。我也尝试去解释我们或者至少我还不太了解的方面，即生命如何形成或者它将走向何方。

在写作本书时，我想将科学的核心概念传达给每一位读者。我希望每位读者都能理解，生命是由运动着的分子所操纵的一个不可思议的过程。而最重要的是，产生生命的分子机器一次又一次地被复制。

因此，我希望人们能够珍视和培养孩子们天生的好奇心，引导他们去了解生命中的这些小机器，并探究它们是如何工作的。当然我也担心，这样的了解是否会引发一种驱使自然为我们"更好地"工作的傲慢和狂妄。

说孩子是我们的未来，这是老生常谈，但培养孩子的好奇心确实很重要。好奇心使我们成为了接手这个星球的最有趣的动物，也是唯一能保护它的动物。

非常感谢同济大学的汪品先教授和他的同事们邀请我来上海讲授基于本书的一个"短期课程"。此行非常愉快，我很高兴能有机会在一个由来自中国各地的学生和教师组成的充满热情的班级中讨论这本书中的观点。此次上海之行非常有趣,感谢汪教授为我安排了如此美妙的经历。我很高兴自己能够说,我们不仅仅是同行,更是朋友。

在造访中国的几次经历中,我的中国同行们在地球系统如何工作方面的认知深度总是令我印象深刻,不过更重要的是如何使这些知识能够更广泛地传播。

我也衷心地感谢肖湘教授和他的同事们翻译这本书。这无疑是一个爱心之举,不仅远远超出了我对与中国学生和学者进行交流的期望,更惠及了那些对科学阅读感兴趣的人们。

我期待听到我的中国读者们的反馈,并希望在未来几年内再次访问中国。

保罗·法尔科夫斯基

新泽西州,普林斯顿

2017 年 11 月 21 日

生活是由历史上的一系列偶然、意外和机遇所导致的结果。我从小生长在纽约哈勒姆区边缘的一个城市住宅项目区。当我大约9岁时,我的母亲和同一建筑中的一对青年夫妇成为了朋友,他们那时候是哥伦比亚大学的研究生,就住在我们家楼下。

比尔·科汉(Bill Cohan)和他的妻子米丽娅姆(Miriam)研究生物学,并在家中饲养了几缸热带鱼。他们看起来是一对非常棒的夫妻,我母亲还经常向他们提一些他们其实并不需要的建议。无论如何,他们那时还没有孩子,在我母亲将我介绍给他们之后,他们邀请我去参观他们家的水族箱,从此我就入迷了。

我们认识几个星期后,比尔和米丽娅姆送给了我一个小水族箱。我开始养孔雀鱼和丽藻(Nitella,一种绿藻),并观察怀孕的雌鱼如何将鱼卵产在绿藻床上。我开始阅读一切我能找到的关于热带鱼的资料并对它们(也可以说是对鱼类)日益着迷。我不知不觉地走上了成为生物学家的道路——这都起因于我好事多嘴的母亲与一对研究生夫妇在电梯里的相遇。

随着时间流逝,我省下绝大部分的零用钱和我做小工得到的钱买了更多更大的水族箱,并从著名的水族馆股份公司(Aquarium Stock Company)购买了来自国外的昂贵的鱼。这家公司当年占据了下曼哈顿位于沃伦街和默里街之间的一整个城市街区。这里是能够让那些痴迷于热带鱼的人满意的地方。

大约在同一时期,我父亲从美国自然博物馆给我买了一台小显微镜。事实上数年间,我们几乎每个周六都会去那儿参观。这架显微镜的花费对我父亲来说是一大笔钱,而且几乎肯定超出了预算,但我有相当长一段时间是如此地渴望得到它,这是一件改变了我人生的生日礼物。我知道博物馆得为显微镜之类的东西收费,但如果博物馆能将显微镜分发给来参观的孩子们,那可就太棒了。

我父亲的礼物让我能够看到并探索肉眼无法看见的、在水族箱中游动的奇妙微生物。尽管显微图像的质量在今天看来并不是很高,但它带我进入了一个以前无法想象的世界。这些微生物是无与伦比的。

通过显微镜镜筒,我夜以继日地关注着超现实的显微世界,这个世界以我的个体经验来说是那么陌生,但它就在我眼前。我能够看到微生物吞噬更小的颗粒,看到单细胞生物的分裂,看到有些微生物在游泳而有些在"散步"。那时,我并不明白这些生物是如何运动、如何捕食以及如何生存的。

通过阅读从第125街的公共图书馆借来的书,我开始研究微生物世界。这家图书馆有一个引人注目的木制帆船模型,就放置在令人印象深刻的、通往一楼的楼梯上。要到放有科学书籍的成人阅读区,我需要穿过放有这架帆船模型的区域。在帆船与科学书籍之间,我可以不受哈勒姆区的限制而进入梦幻的科学世界。我越来越对非洲、南美洲感兴趣,我的热带鱼来自这些地方,同时图书馆中少数几本书中的素描可以帮助我识别这些微生物。

依靠我的显微镜和从图书馆借来的书,我开始理解草履虫如何利用纤毛运动以及变形虫如何在覆盖水族箱底部的细砾石上滑动。我发现一些微生物会被光吸引,而另外一些不会。一些微生物需要光来"谋生"而另外一些则需要添加有机物。我开始培养我从中央公园湖泊水体和河滨大道水洼收集得来的样本中的微生物。我尝试像微生物一样思考,这对于一个孩子来说不是很难,即使只是在他的想象当中。

当鱼在水族箱中繁育的时候,我可以研究它们那透明的卵中胚胎的发育。通过我的显微镜,我可以看到不同形状的藻类在水族箱壁上生长,以及蜗牛如何刮掉藻类并吃掉它们。当我扰动砾石或者搬动水族箱中的石块时,我可以在显微镜载玻片上看到所有的碎屑和几乎辨认不出的最小的微生物运动,这些微生物被称为细菌。那个时候我真的不知道这些细菌是什么或者它们与水族箱中的植物和动物有什么关系。

我母亲一直纠结于食物毒性,她不断警告我:如果我喝了水族箱中的水,我就会因为其中的病菌而生病。我不知道病菌是什么,但我知道它们是不好的。我母亲强迫我在重排水族箱中的石头或者取样后洗手。我当然不想喝我的鱼生活于其中的水,但我确实对我可能由此染病感到疑惑。

水族箱中的鱼并没有因为病菌而生病,几乎可以确信,它们喝的是水族箱中的水。我真的会因为喝了水族箱中的水而生病吗?我不敢尝试——但这些水来自我们公寓浴室的水龙头。我每天都喝从水龙头中流出来的水。但是如果我直接用水龙头流出来的水去养鱼,它们就会死掉。我知道鱼不能忍受从水龙头直接流出来的水中的氯离子,它们要在带有细菌和微小型生物的水中生存。我能够喝带有氯离子的水,但几乎可以肯定,如果喝来自水族箱的水,我就会生病。带有氯离子的水对人而言是安全的、可以饮用的,而我的鱼如果暴露在杀死了病菌的含氯离子的水环境中就会死掉,我怎么会生活在这样一个世界? 这好没道理!

微小的生命既是好人也是坏蛋,这对一个9岁的小孩来说是一个难以理解的矛盾。病菌使我母亲如此恐惧,但对于我的水族箱却是必需的!我开始意识到病菌就是微生物。在那个时代,没有人知道在我们所有人的肠道中都有大量的微生物,它们对于我们生存的重要性就和水族箱中的细菌对鱼的生存的必要性是一样的。

即使还谈不上痴迷,我对微生物世界也是越来越感兴趣。我为此花费了无数小时,经常研究到深夜,一边在显微镜下看着从我的水族箱中取出的样品,一边戴着耳机用我的晶体管收音机听着WABC电台主持人布鲁西表哥(Cousin Brucie)播放的20世纪60年代的流行单曲。

在好几年中,我的生活完全被水族箱、显微镜以及水族箱中的微生物所吸引。但大约13岁时,我的兴趣范围扩大了。我开始对另外一个看不见的世界,即电磁辐射着迷,虽然那个时候我并不是这么叫它的,我称之

　为无线电波或者某些类似的名字。声音和图像是如何从离开我们公寓很远的发射站传送过来的？这简直不可想象。

我的父母是电子技术的反对者。他们对于我理解无线电收音机没有帮助，更不用说电视了。我们会一家人一起听收音机，但仅限于古典音乐（我父母不喜欢爵士乐和摇滚乐）。我们甚至没有电视机。我父亲认为电视机是时间偷窃者，与正常生活丝毫无关。我们家里差不多有数千本书，我父亲一直在读它们。他确保了我知道如何阅读文学经典。如果他还活着，我不清楚他会如何称呼因特网，也许会称它为"时间绑匪"吧。尽管他向我逐步灌输了对文学和文字的极大尊重，但当我在朋友的家里看到电视的时候，我开始期望了解声音和图像是如何不依赖导线在空中传播的。对我来说，声音和图像是可以变形的。我不能想象声音和图像是如何跨越空间在电视机上重新呈现出来的。但我当时可能隐约知道，布鲁西表哥在曼哈顿市区某个地方播放唱片而我可以在几英里*之外利用晶体管收音机收到，我开始学习这个魔术是如何发生的。

我从卡纳尔街的一个小商店购买了廉价的电子部件并组装了一台晶体管收音机。最强的信号来自770 AM WABC。事实上，它太强了，是我的晶体管收音机（它用无线电波产生的极小电场作为能量源）唯一能听到的频道。我可以用鳄鱼夹将晶体管收音机和发射天线连接起来，这样就可以用耳机自由地收听音乐了。布鲁西表哥是一个超级DJ，他高叫着推介下一首歌并告诉你哪一首更火爆。这实在太酷了——布鲁西成为我在清洁、整理水族箱中的石块时不断在我耳边吵闹的人。

当我长大一些，我在邻居那儿打零工，所赚的钱足够我为水族箱添置一些非常奇异的鱼。我同样从卡纳尔街那间奇妙的商店买了一些二手的和多余的电子元件。我成了一个非洲慈鲷迷，同时制造着放大器、无线电和一些简单的电子设备。通过培育并出售奇异的鱼给水族馆股份公司的艾尔弗雷德（Alfred），我学了一些简单的遗传学知识。我了解了电阻如

---

* 1英里约为1.6千米。——译者

何减缓电子的运动速度,电容器如何容纳电荷,电子管的工作原理以及如何通过建造无线电和小型发射机发送和接收不可见的无线电波。但在我的脑子里,第125街的帆船模型才是通向外面世界的灯塔。

直到20年后我才真正充分意识到,我们肉眼看不见的这些微生物是如何发展成全球规模的、由生物推动的电路,进而改变了我们的地球的。它们沉默地推动电子运动,但它们也是实实在在存在的,是地球生命真正的引擎。尽管在自然博物馆中无法展示它们,但正是它们创造了供我们呼吸的气体,转化了我们代谢的废物,让地球这样一个银河系中的小斑点变成了宜居的星球。

随着我成长,通过我父亲给我买的显微镜观察到的水族箱微生物世界变得对我越来越重要,但我还不知道确切的原因是什么。我花了几十年时间才明白,水族箱砾石上微生物的死亡与降解过程实际上就是我们地球上的微生物降解有机物并转化成为我汽车里的燃料的过程的缩微模型。在我做科研的过程中,我开始明白,我从小就制造的电子电路是生命的类似物,但它们是不完整的,有些东西缺失了。我意识到,我尚不理解细胞功能实现的关键机制。它们不是从无线电波中获得能量,而是从太阳发出的高能粒子中获得能量。更加令人费解的是,与无线电不一样的是,细胞并不是通过辐射源产生新的辐射那样生长和发育。细胞在不断地自组装和复制。细胞的复制是生命最重要的功能。

迄今,复制和代谢的矛盾依旧是理解生命如何在地球上进化最重要的难点之一。它需要对生命电路图有更好的理解。这两个世界还没有在我的头脑中联系到一起。老实说,在我的正规的求学生涯中,我并没有太关注这些肉眼不可见的领域。将生命的电路与生物的进化相联系不是我的高中老师和大学教授的愿景或者说使命,我必须自己弄明白。

我上了一所将生物课列为选修课的高中,生物并不是我的研究领域,我受的训练主要集中在数学、物理和化学。直到很久以后我才意识到,大学期间指定使用的生物课本大多忽视了微生物,仅仅把它们看作病原载体(病原菌)。如果涉及进化,则几乎全部集中在动物和植物。这些指定阅读的生物课本,在我看来,不仅仅是不可接受的,甚至是无聊透顶的。我不能理解,这样令人激动的课题——对生命的研究,竟然充斥着一堆无聊的术语。

不管怎样,作为一个纽约的大学生,我思考着我所生存的世界。我记得在我家附近沿着河滨大道的公园中有很多蝴蝶。《国家地理》(*National Geographic*)杂志的一篇文章提到,蝴蝶从墨西哥一个鲜为人知的地区向北跨越数千英里迁移到河滨公园。我只能猜想它们在路途上究竟经历了什么才到达哈勒姆这片"失落的"土地。这些脆弱的动物在数千英里的迁徙中所经历的一切是超乎想象的,它们对于我而言,就是生命顽强力量的象征。就像在我幼小的心灵中珍藏的、第125街图书馆那艘帆船模型营造的梦境一样,这些蝴蝶摆脱了羁绊,发现了一个全新的世界。

在大学里,我们被教授如何区分牛的左眼和右眼,人类手骨的名称以及各种花和果实的形状和名称。牙齿的演化与鸡胚胎的发育过程在课程中占有相当大的比重。其结果是,不断增加的、记不住的且多数不相关的专业词汇代替了研究目标本身。到最后,正规的大学教育将我在童年时期对生物学产生的所有美好幻想清除得一干二净。这些幻想让位于程式化的语言与僵硬的科学文化。如果某些话题(如生命如何起源?如何运转?)不在一开始就被提出的话,这种哲学上的邪教甚至能将一些植根于有抱负的科学家头脑中的核心科学问题幻化成遥远的记忆。

就像训练士兵一样,许多教授努力曲解我提出的这样和那样的离经叛道的问题,生物学的或科学的美感、快乐,对迎合那些医学预科学生训练的课程来说没有意义。如果我想成为生物学研究领域大军中成功的未来战士,我就不得不去了解那些专有词汇与实例并忘却生命的电路与微生物。我不是在责备那些教授们,他们中的许多人都有最好的出发点。事实上这是至今残留的一种科学文化,发现"最好的",清除"最差的"。如何激发青年人的意愿去解决最难的科学问题是一个难题,就像理解生命的起源的确十分困难一样。不幸的是,在清除"最坏的"同时,许多教师似乎也清除了那些最具有好奇心、在科学上最具有创造力的大脑。

不久之后,当我系统地研究大自然中真正的水族馆——海洋——以后,我才开始思考:为什么金星上没有蝴蝶?或者如果曾经有过,我们如何才能得知?我开始意识到微生物过程在控制并使得地球成为动植物(包括人类)的宜居环境中的参与程度,以及我小时候在显微镜下见到的微生物是如何通过肉眼不可见但真实存在的方式形成生命电子通路的。这个通路赋予了我们的星球生机与活力。

本书尝试探索并解释生命电子通路的存在方式,它如何控制地球自然环境的平衡,它如何被人为阻断及这种阻断行为潜在的危险。让我们从我们居住的宏观世界里看得见的以及那些往往看不见的东西开始吧!

第一章

消失的微生物

几年前,我有机会在土耳其北海岸附近黑海上的科考船上工作。黑海是一个独特迷人的水体:在水下大约 150 米以下没有氧气。我的工作重点是研究水下 0—150 米范围内的光合微生物。

光合微生物利用太阳能繁衍后代。在世界各地的海洋里,生存着大量微小的光合生物——产氧气的浮游植物。它们是高等植物的祖先,在地球历史的早期就开始了进化之旅。几天后,我的研究小组使用我们几年前研制的用来检测浮游植物的一种特殊的荧光仪器,获得了一些我们之前没有看到过的奇怪信号。这些信号来自水体的深部:该处没有氧气,且光强度非常低。当我们进行研究时,我意识到发出奇怪荧光信号的生物仅占据了非常薄的一层水体,也许只有一米左右。它们是光合微生物,而且不同于较高水体中的浮游植物,它们不能产生氧。这些微生物是古老生物群体的代表,它们早在浮游植物出现之前就已进化出来了。它们是地球上出现氧气之前的生命体活化石。

黑海的工作经历对我关于地球上生命进化的想法产生了深刻影响。在我心里,在更深的水体采样就像在追溯以前曾统治海洋,但现在圈禁在原栖息地中非常小的区域的那些微生物。产生奇怪荧光信号的微生物后来被证明是光合绿硫细菌。它们专性厌氧,利用太阳能分解硫化氢(H_2S),并利用氢元素制造有机物。这些生物体可以在非常低的光强下生存,但不能耐受即使是少量的氧气。

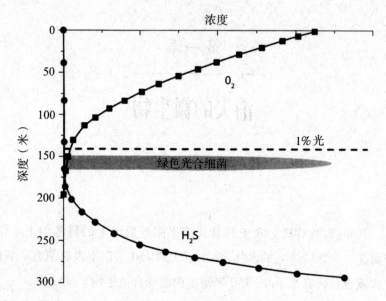

图1 黑海水下300米范围内的溶解氧和硫化氢气体(闻上去像臭鸡蛋味)的理想浓度曲线。黑海水体在海洋中是独一无二的;在大多数的洋盆和海*中,直到海洋底部都可以检测到氧气。在射入的太阳光剩余1%的水体位置以下的一个极窄的海水层中,光合细菌利用太阳能分解H_2S进行自养生长。这些生物的新陈代谢是非常古老的,它可能出现于30多亿年前,当时地球表面的氧气浓度极低。

当我们在接下来的几个星期穿越黑海,在不同的地区取样时,我们看到海豚和鱼生活在上层水体,而100米左右以下的水体中没有多细胞动物生存。动物不能长时间缺氧生活,并且似乎也没有动物生活在深水区。微生物改变了黑海环境,它们在水体上部100米范围内产生

---

　　* 此处的海(sea)指半封闭的海域或大洋边缘部分。可分为边缘海、陆间海和陆内海三种类型。——译者

氧气,但在深水区消耗氧气。通过这样的氧代谢方式,它们把黑海加工成了自己的专属家园。

在海上约一个月后,我回到伊斯坦布尔港欣赏土耳其挂毯。土耳其东北部的阿勒山因盛产绘有诺亚方舟故事的挂毯而闻名。这一地区的吉丽姆(kilim)挂毯上绣着长颈鹿、狮子、猴子、大象、斑马等各种人们熟悉的动物。当商人摊开他们的商品并提供甜茶畅饮时,我开始思考诺亚方舟的故事是如何导致我们对地球上的生命产生错误认识的。一方面,故事是关于生命破坏和重塑的;另一方面,它是关于上帝如何维护人类生命家园的。在这两种情况下,微生物都没有作为生命的创造者或毁灭者而出现。

"进化"(evolution)这个词,字面意思是"展开"。但当商户向我展开美丽的挂毯时,我开始明白《圣经》中诺亚方舟的故事为什么不能提供生命的演变线索了。是否所有的地球生命都由诺亚保存,并带上了方舟呢?还是一些生物被丢下了?虽然方舟的故事深深植根于西方文化中,但它并不能告诉我们生命的起源。了解生命起源需要另一个观点,一个基于科学,特别是科学应用于微生物进化的观点。

在很大程度上,科学是一门发现自然界中的模式的艺术。查找模式需要仔细观察,可是我们不可避免地受到我们感观的影响。我们是视觉动物,我们对世界的认知主要基于我们所看到的。我们能看到的东西由我们拥有的工具所决定。科学史与新颖工具的发明密切相关。新工具让我们能够从不同角度观察事物,但讽刺的是,工具的发明又受到我们所看到的事物的局限。对于我们没有看到的事物,我们往往会忽略它们。微生物就因此而被长期忽视,特别是在进化史上。

地球生命进化的连续故事的前几章主要是由19世纪研究动植物化石的科学家所写就。那时候科学家们比较容易看到化石。他们观察的自然界模式忽视了微生物这一生命形式,这基于两个简单的原因:一是岩石中没有明显的微生物化石记录,二是通过观察现有生物体不容易识别出微生物的进化模式。当时几乎没有寻找微生物化石的工具;

不过,就算当时存在这样的工具,微生物在塑造地球演化过程方面发挥的作用也不被关注,直到随后几十年中相关新工具的出现,这一情况才有所改善。动植物的进化模式可以通过它们的化石形状、尺寸以及在地质时期化石的排列推断出来。这种方法几乎不能适用于微生物。

总而言之,对微生物的疏忽,既是在字面上也是在深层意义上,歪曲了我们的进化世界观超过一个世纪。并且,将微生物纳入我们对进化的理解仍是一项正在进行中的工作。既然科学是发现自然界模式的艺术(这当然够难的),它自然也与寻找肉眼所看不到的世界有关。

首先,让我们简要地回顾一下产生于19世纪的进化故事。那是我们关于许多生命概念形成的年代。这些科学想法主要基于人们能够看到的事物,同时很大程度上基于《圣经》中造物主的故事,包括洪水和诺亚管理神的动物的故事,比如说那些编织在土耳其挂毯上的故事。

在19世纪30年代初,一位有绅士风度的科学家莫企逊(Roderick Impey Murchison)和一位有魅力的剑桥大学教授塞奇威克(Adam Sedgwick)作报告说,威尔士地下深部存在动物化石。当时化石已经为人所知几个世纪了,但它们的重要意义并没有被充分理解。许多人意识到化石是很久以前死亡的生物的遗迹,但并不清楚是具体多久以前,也不清楚这些遗迹是如何保存下来的。

塞奇威克是英国化石界最著名的权威之一,达尔文(Charles Darwin)是上过他课的学生之一。1831年夏天,快22岁的达尔文跟随塞奇威克深入威尔士北部去了解化石的第一手知识。这一经历永久改变了达尔文的生活。达尔文不仅帮助塞奇威克寻找岩石中的动物化石,他还学习了地质学基本原理,以及那些对其余生非常有用的观测技能。

在欧洲其他地方,也发现了塞奇威克和莫企逊在英格兰和威尔士的岩石中发现的化石,由此一个基于岩石中化石顺序的分类系统开始被提出。发现的化石的物理外形常常与熟悉的海洋动物相似,如蛤、龙虾和鱼。然而,还有一些化石是非常令人惊奇的,没有人在任何时代的海洋中发现与这些化石相似的任何动物。化石的意义一直存在巨大争议,但这些发现清楚地表明:在这些古老的海洋沉积物形成的岩层中,动物化石随岩层从低到高顺序分布。在当时,人们普遍认为深层的岩石比上面的岩石古老。

岩石中动物化石的发现并非当时的新事物。早期关于化石的最著名描述可能来自 1669 年的一位丹麦科学家斯泰诺(Nicolas Steno)。他在意大利的岩石中发现了很多看起来像鲨鱼牙齿的东西,但这些曾经的生物体是怎么保存下来的一直困扰着他。斯泰诺仔细地思考了化石是如何在岩石中排列的。化石被有序地安排在一系列岩层中,他观察到古老的岩层处于年轻岩层的下方。这个被称为**叠加**(superposition)的概念是沉积地质学的主要规则之一,在一个多世纪后强烈影响了塞奇威克关于化石记录的解释。斯泰诺最终放弃了科学,并进入教会,将他的余生献给了上帝。他早期关于化石的工作大部分被遗忘了,他自己也相信生命就是按照《创世记》中描述的那样开始的。

对我来说,化石在岩石中的排列顺序与时间具有一致性的概念的逻辑是拥有非凡意义的,但是它并不容易获得支持,因为基本的地质信息在那时是贫乏的。在很大程度上,寻找化石模式的成就正期待着莱伊尔(Charles Lyell)卓越的聪明才智。莱伊尔是达尔文的良师益友,是一个变成了博物学者的苏格兰大律师,他因创立了一个新科学领域——他称之为地质学(Geology)——而受到赞誉。莱伊尔与斯泰诺的看法一样,认为化石记录有一个逻辑顺序。然而,不同于斯泰诺,莱伊尔阐述了地质过程,如侵蚀作用、火山作用和地震,以帮助解释化石记录中观察到的逻辑顺序。事实上,他对岩石序列层中化石的阐释后来激励着达尔文思考生物是如何随时间变化的。莱伊尔和达尔文的终身友谊也造就了科学界的传奇共生体。

1831 年 12 月 27 日,当达尔文乘坐"贝格尔号"(长约 27.5 米,配有 10 支枪,载有 74 人)开始他的科学航行时,他获准可在非常狭窄的海图室(他的宿舍)中存放少量的书。在这个长约 3.4 米、宽约 2.7

米、高约 1.5 米,并配有天花板的房间中,他睡在吊床上。房间黑暗无光,且常常有人不请自来,他不得不与人分享宿舍。他携带的其他物品包括:莱伊尔于 1830 年出版的新书《地质学原理》(*Principles of Geology*)的第一版第一卷,英王詹姆士一世钦定《圣经》英译本的个人手抄本。而在我工作的船上,我可以每天洗热水澡;尽管我有时与人共享一个小船舱,但大多数科研船上都配有图书馆。也许后面的事不太令人惊讶:达尔文几乎每碰到一个机会,就以晕船为借口离开"贝格尔号",在各大洲漫游,并在下一个停靠港与"贝格尔号"碰面。

莱伊尔承担了一个艰巨任务:向感兴趣的公众解释动物化石如何绵延在中欧的阿尔卑斯山、苏格兰的小山和整个不列颠群岛中。其中的基本问题之一是化石形成的时间及地球是如何形成的。

几个世纪以来,人们提出了几个重要论断。一个来自中世纪时期的观点是:上帝把岩石变成看起来熟悉的生物以测试人们是否对他忠诚。尽管这是荒谬的,但这个观点仍然有许多支持者,特别是在美国的部分地区。第二个观点是:在古代,火山爆发并把动物从海洋带到陆地,动物们死亡后,它们的骨骼被保存在岩石中。第三个观点是:大洪水后,海平面下降导致动物死亡。事实上,化石的大洪水来源学说吸引着塞奇威克。还有其他几个想法,莱伊尔雄辩而精确地讲述了这些观点,就像大律师向陪审团陈述案件一样。

莱伊尔提出了一个激进的想法,他认为陆地上的岩石中发现的海洋生物化石的成因是:这些岩石在很久以前处于水下,随着时间的推移,岩石以某种方式上升并沉积在陆地上。通过多种不同的验证方式,莱伊尔提出的这个观点被证明是正确的。但是,直到一百多年后,这种上升沉积方式的发生过程才被解释清楚。莱伊尔所面对的一个主要问题是如何解释地球的年龄。"很久以前"到底是多久?

爱尔兰阿马教区大主教厄谢尔(James Ussher)在 1654 年出版的图书《世界年鉴》(*Annales Veteris Testamenti*)中对地球的年龄进行了精心计算。几乎每个受过教育的英国公民都认为此书对地球形成的时间进行了最准确的估计。结合《圣经》记载和罗马儒略历，厄谢尔推出，地球是在公元前4004年10月23号星期天的傍晚形成的，也就是大概6000年前。

作为法律学的学生，莱伊尔曾受过论证训练，他认为通过一些不合逻辑的、荒谬的思维过程去解释动物化石的存在和变化是很可笑的。他相信论证的力量，并且写道："不幸的是，因为人们需要更好的技巧去支持自己的论点，中世纪的大学无形中培训人们形成了无限论证的习惯。人们经常倾向于荒谬、夸大的命题。这种智力战斗的目的和终结是胜利而不是真理。"但是，即使天才大律师也不能赢得反对上帝话语的辩论。

莱伊尔根本不知道进化如何工作，更不用说如何测量地质时间。他认为拉马克（Jean-Baptiste Lamarck）的理论（动物的各种特征是它们在自己的一生中获得的，并以某种方式传递给子孙后代）与其他理论一样好，而且比大多数理论更合理。事实上，拉马克在动物形态上的工作（他是世界上关于无脊椎动物研究的主要权威），导致他提出了一个理论：生物能够以从最简单到最复杂的形式，沿着一条时间轴排列。拉马克提出了生物体以某种方式随时间改变的概念，即进化。事实上，尽管在现代生物学教科书和课堂上拉马克常常被不恰当地嘲笑或忽视，但他的确是被他称为**生物学**的这个领域的智慧之父。

动物化石沿着岩石时间轴排列的理论，让达尔文思考起了生命的时间尺度（他几乎无法想象，且无法轻易量化时间尺度）问题。如果最古老的化石在其他化石下面很多米，那么形成这些岩石层需要多长时间呢？

达尔文对莫企逊和塞奇威克发现的早期化石非常困惑。他知道，在含有动物化石的岩石层下面的岩石层并不存在化石，但他不明白这是为什么。动物的记录似乎是凭空冒出的，它们的进化似乎相对很快。但是有多快呢？为什么在突然出现的鱼类化石下面只存在看上去像无脊椎动物的化石层，甚至在更下面，为什么根本不会出现动物化石？这一地质现象就像展开一条编织着诺亚方舟故事的土耳其挂毯,但挂毯上有一半或更多的部分没有动物。达尔文需要向他自己解释这些问题,然后再解释给他的同事。为了回答这些问题,他尝试对岩石进行测年,因此他需要一个时钟。

1859 年 9 月 7 日,大本钟钟楼内的钟声第一次敲响。时钟经过精心设计,非常精确。事实上,它是英国工程、工艺在工业革命黎明时期的标志性象征。在这一历史性事件发生两个月后,准确地说是 11 月24 日,约翰·默里第三(John Murray Ⅲ,阿尔伯马尔大街上出名的伦敦出版商)正式向社会发布达尔文的新书《基于自然选择的物种起源,或基于生存竞争中保留优势种族的物种起源》(*On the Origin of Species by Means of Natural Selection, or the Preservation of Favoured Races in the Struggle for Life*,之后标题缩短为 *The Origin of Species*,即《物种起源》)。

在《物种起源》的第 9 章中,达尔文试图解释那些现已灭绝的形成化石的动物变化或进化成现代生物形式所需的时间。这个问题并不容易回答。莱伊尔和他的前辈,苏格兰医生赫顿(James Hutton),认为地球年龄无限古老。达尔文不知道这一观点是否正确,但他确信地球的年龄肯定不止 6000 岁。为了获得更真实的地球年龄,他开发了一个并不十分巧妙但相当有趣的测量地质时间的方法。

达尔文的时钟基于一个地质现象:含化石的沉积岩的侵蚀速率。他特别选择了研究得很透彻的威尔德白垩和砂岩悬崖(临近大海,位于英国肯特郡)。达尔文计算出,侵蚀 1 英寸*约需一个世纪,根据当时形成的悬崖的大小,他计算出形成威尔德岩层需要 306 662 400 年,或者说 3 亿年。

达尔文没有考虑到一个细节,即形成悬崖本身所需的时间。此外,他没有考虑威尔德岩层下的岩石,这会使悬崖的实际年龄更老,甚至可能无限老,正如莱伊尔所想。达尔文对悬崖年龄的估计当然是一个大

---

* 1 英寸约为 2.54 厘米。——译者

胆的猜测,在没有更好的限定条件的情况下,它显然是基于一个理性的、可物理验证的想法。达尔文关于岩石年龄的推断具有明显的意义。地球确实非常古老,比厄谢尔计算的要老得多,也比当时大多数人认为的年龄要老许多。尽管地球生命起源的具体时间当时还没有被确定(至今也不清楚),但在含化石岩层下方的无化石岩层的存在意味着达尔文对地球年龄的估计是保守的。

无论如何,以百万年为纪年尺度的地球年龄并不是《圣经》中所描述的,当然也不是当时的人们在学校学习到的年龄。达尔文清楚地知道他的估计会被怀疑,但他没有办法知道将来会发生什么。达尔文估计的地球年龄,除了对阿马教区大主教厄谢尔根据《圣经》在 17 世纪计算出的地球年龄带来了冲击外,还受到了一个同行科学家的质疑,他就是那时的爱因斯坦,即物理学家汤姆孙(William Thomson),后来成了开尔文勋爵(Lord Kelvin)。汤姆孙开始试图通过物理学第一定律把地球年龄搞清楚。

汤姆孙认为,可以通过假设地球开始是熔融岩石和随后被冷却下来而精确地确定地球的年龄。通过测量温度随地壳深度的变化而发生的变化和关于岩石的热传导的实验,他推导了一个方程,用于计算地球冷却到目前温度的时间。1862 年,汤姆孙宣布地球年龄大约为 1 亿年。他同时承认这一年龄估值存在巨大的不确定性(2000 万年至 4 亿年都有可能),但随着时间的推移,他变得越来越教条,并相信地球的实际年龄接近 2000 万年。地球的这一估计年龄似乎太短了,短得没法发生达尔文所设想的进化。汤姆孙成了达尔文关于进化的新观点的最严厉批评者之一,这不是因为他不相信进化本身,而是因为作为物理学家,他不相信基于侵蚀速率等地质过程所计算出的地球年龄。最终,汤姆孙的反对意见迫使地质学家开发更好的模型来计算地球的年龄,而这样做几乎花费了一个世纪的时间。

即使达尔文的看法只有一小部分是正确的,地球上的生命进化也经历了非常非常长的时间,远远超过当时任何人的想象。但它是如何进化的？在1837年的笔记本B第36页的一个涂鸦中,达尔文描绘了一棵生命之树,其中包含了一个基本想法:生物拥有一个共同的祖先,彼此相关,并且可以从物理外观的相似性辨别出它们的关系。这个基本想法类似于50多年前拉马克提出的观点;然而,达尔文对于这个过程是如何发生的有着不同的想法。

动物外形的变化是微小的,岩石记录中的不同化石间的距离也表明这一变化好像是缓慢的。此外,如果这一理论起作用,那么早于化石记录出现的一些生物必须灭绝并被新物种取代,否则地球上会有数量不断增长的动植物物种。换句话说,一旦某个有机体灭绝,它应该永远不会再出现在后期的化石记录中。

达尔文意识到,这个引人注目的革命性想法必将受到挑战,事实上也的确如此。化石显然是动植物的遗迹,但岩石中没有人类的骨头。如果这是真的,那么达尔文就清楚地理解了岩层中"失踪"的人类的含义:像化石记录中的动物一样,我们也必须通过一些过程而产生,在这些过程中,一个有机体进化到另一个有机体需要花费一些不确定的、漫长的时间。

达尔文或当时的任何人都完全不知道基因的概念和性状的遗传物质基础。否则孟德尔(Gregor Mendel)不会直到1866年(此时《物种起源》第一版已出版6年多了)才提交发表其关于豌豆的性状遗传的研究结果。事实上,尽管当时大多数生物学书籍非常混乱,但达尔文接受拉马克关于生物可以从环境继承遗传性状的基本观点应该不会有什么大问题。然而,达尔文的主要贡献是:他认为,所有物种中都有可以被自然选择的内在变异。狗以及鸽子的杂交实验一直在证明这一点。然而,达尔文提出,在自然界中性状是由物种生活的环境所选择的。自然选择或者增强、或者不增强生物的繁殖能力。若是前一种情况,那么最适于特定环境的性状会被传递给后续子代。子孙变异伴随自然选择的概念占据了《物种起源》6章的内容。它是有史以来提出的最非凡的科学思想之一,直到今天,它仍然是一个通用的生物学核心原理。

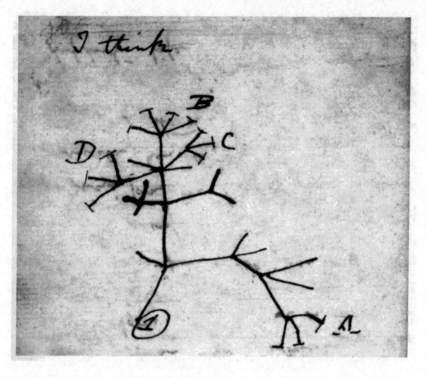

图 2 达尔文在 1837 年至 1838 年间在笔记本 B 中描绘的涂鸦的复制品。基本思想是现存物种是从灭绝物种衍生而来，但也与其他现存物种有关，形成了一棵历史生命树。这个涂鸦是生命进化理论（基于物种修饰的自然选择）的核心要点，即达尔文进化论的核心。（经剑桥大学出版社允许，并感谢皮特和罗斯玛丽基金，版权ⓒ 2008 年达尔文手稿出版委员会）

　　在《物种起源》一书的末尾，有一个关于物种分类单元的假想起源，这一假想大致基于笔记本 B 中的涂鸦。奇怪的是，该图显示，并非所有分类单元具有单一的起源，而是多个起源共同产生新物种。达尔文的脑中盘旋着生命起源中起源的概念，但他并未在书中对此进行清晰的讨论。

　　《物种起源》出版十多年后，达尔文在 1871 年写给约瑟夫·胡克（Joseph Hooker）的一封信中提出了具有发散性思维的假设："生命产生于一个温暖的水池,里面存在某些氨和磷酸盐、光、热、电等。在这个水池中,蛋白质化合物被化学合成出来,然后准备经历更加复杂的变化。必须注意,与有机生命形成之前的地球环境情况完全不同,现代地球环境下,这样的物质会被立即吞噬或吸收。"

达尔文提出这一想法大约80年后,一个年轻的化学家米勒(Stanley Miller)和他的导师、诺贝尔奖得主尤里(Harold Urey),确实在芝加哥大学的一个实验室中生成了构建蛋白质的模块——氨基酸。在实验过程中,他们使用氨气、甲烷、氢气和水为原料,用电火花来模拟闪电。该实验结果在1953年发表,给了人们了解生命起源的时代即将到来的巨大希望。然而,制造生物体的化学成分和制造生物体本身之间存在巨大的差距。在甚至最简单的生物体中,化学成分也被组织成复杂的微观机器,其产生各种代谢过程并允许细胞复制。目前还没有人能够成功地从头开始创造一个活的有机生命体,但这并不代表这是不可能的。

最简单的生物是微生物,达尔文肯定察觉到了微生物,但他不知道如何将其涵盖在他的理论中。事实上,达尔文在"贝格尔号"上时带了一台显微镜。(此外,与他的《圣经》和博物学图书一起,他还带了两把手枪、12件衬衫、一个零钱包,以及帮助他学习西班牙语的两本书。)但是因为微生物不可能留下肉眼清晰可见的化石记录,所以达尔文不可能知道可见的化石岩层之下的岩层来自一个动物或植物出现之前的时期,而不是来自生命起源之前的地球历史时期。即使达尔文能够观察到微生物化石,他也几乎肯定不能理解它们与植物或动物的关系。达尔文和19世纪几乎所有其他的科学家都会对下面的结论感到无比惊奇,即植物和动物都是从远超3亿年前的微生物进化而来的,这在19世纪是完全不可想象的。事实上,《圣经》中没有提及微生物,除了间接地提及诸如瘟疫之类的疾病。它们当然没有被诺亚有意带到方舟上,也没有被编入描绘大洪水故事的土耳其挂毯。

虽然我们在《物种起源》出版后的150年中取得了巨大的进步,但科学家们仍然在努力理解生命是否是从一个温暖的水池开始的,例如深海热液喷口还是其他地方。它如何开始?它如何进行?微生物如何导致了植物和动物的进化?在我们寻找生命起源和进化的过程中,这些生物为何被忽视了这么久?

这些问题的答案是复杂的,许多方面还远不能被充分理解,但通过上个世纪开发的研究工具我们已经学到了很多。如果达尔文于19世纪早期在黑海进行一次海洋研究航行,他可能已经观察到在海面百米以下没有动物,并得出深水无生命的结论。但是,如果他是一个微生物学家,那么我们对物种起源的理解将会非常不同。虽然微生物在19世纪已广为人知,但人们又花了一个世纪的时间才把微生物纳入到我们对地球生命进化的理解中。由于我们的观察局限,微生物被忽视了。在第一只动物出现之前,它们就已经在地球上生活了数十亿年。

让我们与这些曾被忽视的微生物见个面,并看看它们是如何在驱动这颗星球的过程中发挥巨大作用的。没有微生物,我们人类就不会出现在地球上。

第二章

与微生物的邂逅

　　这也许是生物学中最大的讽刺之一：作为地球上最古老的能自我复制的生物形式，微生物却位于最晚被发现的生物之列，而且被极大地忽略了。像许多科学一样，微生物的发现是基于新技术的发明：这里主要指显微镜和基因测序仪。缺乏对微生物的注意，在很大程度上是我们自己的观察偏见造成的。我们倾向于忽略我们不能看到的事物。这种倾向使我们能够在天文学方面取得巨大进步：远在我们能够领会微生物在地球上的作用之前，我们就可以观察距离我们数千亿英里远的可见物体。让我们简要回顾一下在人类视觉局限背景下的微生物发现史。

　　在 14 世纪，欧洲正在制造原始的凸透镜镜片——因其双凸形状而被冠以小扁豆种子（lentil bean）之名——用以矫正视力。同时，艺术家已经开始开发出利用简单的相机暗盒技术在画布上投影图像的方法。相机暗盒不需要透镜。它是一个盒子，甚至是一个小房间，有一个孔允许光线进入，外部世界的倒影图像投影在盒子的背面。在箱子里面，可以跟踪光线并在盒子内检验玻璃透镜，早期的仪器制造商开始了解如何设计透镜。

到 16 世纪末,荷兰人开始与意大利玻璃商在威尼斯合作。当时威尼斯的玻璃是最贵的,因为它的品质最高、最为清晰。荷兰人开始用其制作相对高质量的透镜。17 世纪初,两个荷兰透镜制造商通过在管筒中配对凹透镜和凸透镜来制作望远镜。虽然该仪器并不比一个原始的小望远镜好,仅仅放大了大约七八倍,但在当时却是一个巨大的技术突破。那些先驱们在跟踪光线的过程中建立了光学领域的基本公式。直到今天,透镜设计师仍在使用这些相同的基本公式。

1609 年,伽利略(Galileo Galilei)使用荷兰透镜制造商设计的、在意大利制造的望远镜,观察到木星的卫星是围绕木星而非地球公转。虽然伽利略的望远镜只放大了 20 倍,但已足以让他对那些裸眼可以观察到的物体进行放大,例如行星、恒星和月球。他的观察结果威胁到了占主导地位的托勒玫体系即地心说(地心说认为地球是宇宙的中心,即太阳和所有行星都围绕地球运转,反之则不行)。但是,伽利略也为我们呈现了一些比观星更为重要的东西。他向我们展现了一个未知的地方,一个让我们觉得自己更渺小的地方。地球仅仅是我们太阳系中的几个星球之一。伽利略清楚地知道他发现的木星的卫星轨道有多么深远的意义。他改变了我们对地球、对自己,以及对我们与宇宙的特殊关系(也就是我们在上帝眼中的特殊地位)的认识。

虽然伽利略和望远镜的故事众所周知,但他研制显微镜的事实却鲜为人知。近年来人们已经知道,通过简单地倒置望远镜的两个透镜,可以放大附近的物体。你可以在家里简单地通过朝一个"错误"的方向观测,眼睛对着双筒望远镜的物镜镜筒观看,并将一个物体(如手指尖)靠近目镜,即可以发现这一事实(这是双筒望远镜在实地考察中的一个伟大的双重用途)。

伽利略在 1619 年前后开发的显微镜,只是望远镜发明中的一个巧合发现。望远镜的光学设计方案被弄"颠倒"了,并被放在了一个装置中。这个显微镜比望远镜还要小,并且两个透镜被装在了由皮革和木头做成的镜筒中。不管怎样,伽利略对用他那"颠倒"的望远镜所看到的东西并不感兴趣。他似乎并不想理解,更不用说解释他所观察到的最小物体。事实上,伽利略对这一仪器如此轻视,以至于直到1625年他才将其命名为**显微镜**。也许具有讽刺意味的是,在瘟疫爆发期间,微生物疾病通过跳蚤叮咬传播,伽利略把他在显微镜下看到的跳蚤画了出来,但跳蚤的图形并没有被广泛传开,而该仪器在意大利也消失了,几乎未被使用。

望远镜和显微镜的区别并不仅仅是透镜的构造方面,也表现为人类认识、感知所见事物的差异。尽管缺乏认知的部分原因可能是骄傲自大,但我认为更主要的原因在于人们缺乏在一些我们有限的感官所不能触及的地方寻找自然界模式的经历。我们能够用肉眼看到遥远的物体:彗星、流星、行星、卫星、恒星,甚至恒星爆炸。这些物体都不需要望远镜就能看到。因此,当通过望远镜之类的设备近距离观察它们时,这些远处的物体(至少在某种程度上)变得不再神秘。然而,如果没有放大装置的帮助,我们的眼睛并不能看见比头发丝宽度(大约0.1毫米)还小的物体。在显微结构尺度,我们几乎是瞎子。我们可以通过肉眼看见月亮,但不能看见我们自己的细胞。我们能看见星星,但不能看见分子。我们能看见遥远的银河系,但不能看见原子。如果我们尚未认识到存在一个微生物世界,那么我们为何要寻找它呢?

像科学中的很多发现一样,微生物王国的发现也是一个深深地改变了世界的意外,就像伽利略发现木星的卫星一样。它需要研究者的科学精神与工具设备的共同聚焦。突破出现在1665年,是年英国皇家学会发表了第一本大众科学书籍《显微图谱》(*Micrographia*),其副标题是"关于放大镜看到的微小物体的一些生理描述及其之上的探究"(*or Some Physiological Descriptions of Minute Bodies Made by Magnifying Glasses with Observations and Inquiries Thereupon*)。这本书是由罗伯特·胡克(Robert Hooke)所写。胡克当时30岁,是一位驼背的、难相处的、神经质的强迫症患者;但他也是一位才华横溢的自然科学家、博学家、英国皇家学会的初创成员。

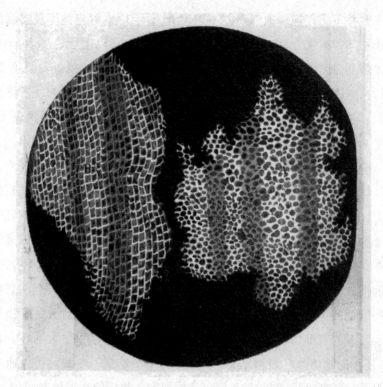

图3 罗伯特·胡克描绘的树皮薄片图案。他称这一结构由一系列的木质小室(细胞)包围起来的孔状结构所构成。本图从《显微图谱》一书中复制,该书于1665年9月首次出版。(ⓒ英国皇家学会)

    《显微图谱》一书引起了很多人的注意。在书中,作者提供了57幅有详细说明的漂亮"雕塑"品。胡克不仅提供了他自己的显微镜的清晰构造图,而且提供了跳蚤(在英国与意大利同样多)的结构,以及百里香的种子、蚂蚁眼睛、海绵的内部组织、显微镜下的真菌和植物的最小构造模块等的结构图。他用如剃须刀般锋利的小刀切割树皮的一个小平面,然后利用显微镜观察这些树皮薄片。他描绘了树皮薄片中看上去类似修道士居住的一个个房间的结构,并将这些微观小室结构称为**细胞**。

    在观察其他植物的过程中,胡克明白了细胞是普遍存在的,并描绘了茴香、胡萝卜、牛蒡等植物的细胞结构。最后,《显微图谱》一书成为了科学界第一本最畅销的书。在这本书发行后不久,佩皮斯(Samuel Pepys)就购买了一本,并在他的日记中写道:"在我上床睡觉之前,我会在卧室里坐着读胡克先生的《显微图谱》一书,一直读到凌晨 2 点,这是我一生中读过的最有独创性的书。"在第一版售罄两年后,英国皇家学会印发了《显微图谱》的第二版。这本书曾重版多次,直到现在仍在印刷。

胡克的观察是基于一台有双透镜的相对简单的复式显微镜。那时候的仪器厂家对望远镜很熟悉,并把显微镜设计成了具有两个透镜(与伽利略的显微镜很相似)的装置,因为光线轨迹清楚地表明,这些工具应该能够很好地工作。但是,双透镜显微镜有一个意料之外的、在望远镜中不存在的大问题。在构造如此简单的复式显微镜中,第一个透镜会产生很多颜色的光晕,并会被第二个透镜所放大。这造成了一个结果:物体放大的倍数越高,图像就会变得越扭曲。

胡克使用的显微镜是伦敦一位非常熟练的仪器制造商科克(Christopher Cock)制造的。它是一台价值不菲的、制作精巧的、装饰豪华的仪器,但是光学系统却很落后。它存在明显的光学像差问题,当时的镜头制造者不能避免这一问题。不管制作者如何着力装饰它的外观,这个"最好的仪器"除了能把物体放大 20 倍左右之外,几乎毫无价值。即使放大倍数不高,图像也还是很模糊,有时还需要一点点想象力来重构观察到的某些图像。不管怎样,胡克技艺高超的插图在当时是令人难以置信的,《显微图谱》的出版激发了人们制造高质量显微镜镜头的兴趣。

1671 年,在伽利略作出一系列天文发现之后以及他去世 36 年*后,列文虎克(Anton van Leeuwenhoek),荷兰代尔夫特市的一位制造商人,研制出了一台不那么华丽的新显微镜,它更小、更简单。意想不到

---

* 此处是作者书写错误,应该是伽利略去世 29 年后。——译者

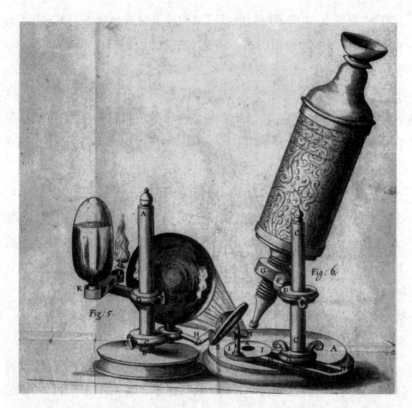

图4 胡克使用的显微镜,此图由他自己绘制并发表在《显微图谱》一书中。该显微镜装饰华丽的观测管中装有2个透镜,大概可以放大20倍。太阳光或油灯光可通过一个充水的球状瓶而被聚焦在样品上。(ⓒ英国皇家学会)

的是,这台显微镜具有更好的光学系统,不仅能够提高放大倍数,而且不会出现在那些更复杂、更昂贵的显微镜中存在的图像扭曲现象。新的设计并不使用两个透镜,列文虎克把热玻璃棒拉成玻璃纤维,然后再重新加热玻璃纤维形成小玻璃球。列文虎克所使用的玻璃球直径大约为1.5—3毫米。在设计镜头时,他需要在以下矛盾间求得平衡:镜头越小,放大倍数越高,但同时视野也越小。他用了最好的威尼斯玻璃,并以某种方法磨光镜头。他所使用的精密技术至今仍是一个未公开的秘密。

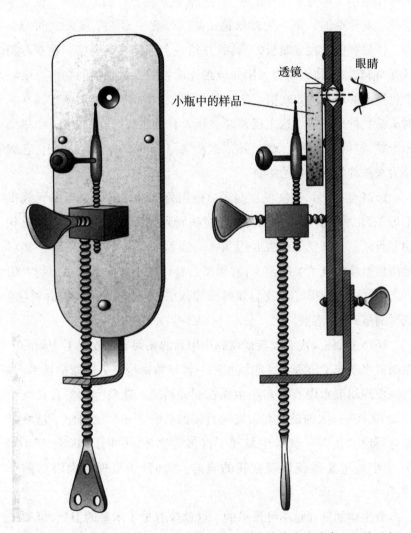

透镜　　眼睛

小瓶中的样品

图5 列文虎克发明并使用的显微镜。单一的球状镜头被放在了两块平板之间的一个小洞中。样品通过一个小螺钮被放在距离镜头很近的地方。观察者把眼睛对准靠近镜头，并将显微镜置于光源上方。尽管非常简单，但列文虎克的显微镜凭借镜头的质量与尺寸最大能够放大 400 倍。

哲人石丛书

Philosopher's Stone Series

列文虎克在他的一生中共制造了大约500台显微镜,以至于在任何时候他手头都有一台特定种类的适合他观测目标的显微镜。仪器本身是相对简单的。单一的球状镜头被安装在一对银金属板之间的洞中。样品被放置在金属板的背面,并用一个螺旋装置聚焦。观察者把仪器举起靠近眼睛,以使太阳光或烛光能够照亮被观察的物体。最好的仪器能够放大约300倍。这个放大倍数大概相当于我父亲在我9岁时买给我的显微镜。这个仪器能够让人看见血细胞、动物精子和单细胞生物,包括列文虎克观察到的"微动物"(animalcule)。实际上,它就是后来被称为微生物的生物。

1674年10月,列文虎克病了。他用荷兰语写道:"去年冬天病得很厉害,几乎失去了味觉。在镜子里我看到我舌头的表面有很多毛状物。我断定我味觉的消失是因为舌头表面那一层厚厚的皮肤。"然后他用显微镜检查了牛的舌头,看到了含有许多小球的点状突出物。他称之为味蕾。他很好奇我们如何感知味道,于是配置了各种香料(包括黑胡椒)的水溶液。

1676年,列文虎克发现他研究中用到的在架子上放置了3周的一瓶胡椒水变成了云雾状。他用其中一台显微镜检测了这瓶胡椒水,惊讶地发现胡椒水中有许多小生物在到处游动。这些生物的直径大约1—2微米——大约是人类头发丝直径的百分之一。他勾画了这些细胞并写道:"我在一滴水中发现了许多生物体,不少于8000—10 000个,它们通过显微镜呈现在我的眼前,如同沙子呈现在肉眼面前一样。"

微生物的发现是不可预见的。这就像看见了木星的卫星,但事先并不知道有可以让其围绕运动的行星。它预示着数目未知的不可见生物确实存在于地球上。列文虎克并不知道这些微生物是什么。他把它们想象成具有胃和心脏等器官的极小动物,就像我们肉眼可见的大动物。

列文虎克利用自己制造的单镜头显微镜看到如此小的生物,这是

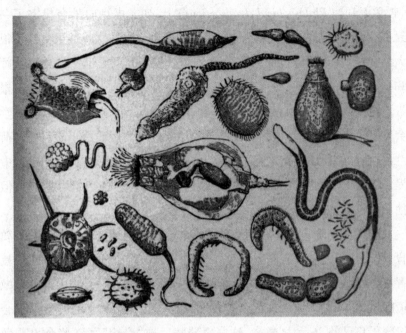

图 6 列文虎克发现的微生物。在 17 和 18 世纪,人们认为微生物是具有头和胃的微型动物,它们通过同种的雌雄性结合来繁殖。

很引人注目的一件事;即使用今天最好的透镜他也不能分辨它们的内部结构。然而,列文虎克做了一些更意义深远的事情。在胡椒水中发现微生物之后,他又检查了自己嘴里刮下来的碎屑。令他十分惊讶的是,他在牙齿和口香糖中第一次发现了微生物。这时的列文虎克真正地站在了自然科学的最前沿;他是发现我们在自己的身体内并不孤单的第一人。我们携带着微生物。的确,正如我们后来所见,动物也像我们一样携带着大量的微生物,并通过排泄物和分泌物使这些微生物分布在地球上。他也提到,当他早上喝热咖啡的时候,他嘴里的微生物死了。这是第一次观察到高温能够杀死微生物。列文虎克继续描述他在唾液和其他水环境中发现的各种微生物的形状和大小。他对微生物的简单描绘后来成了微生物分类的基础。

为了把他的发现发表在英国皇家学会的第一本新科学期刊,即

《哲学汇刊》(*Philosophical Transactions*)上,列文虎克向学会投寄了一封 17 页半的信件,信中描述了他所发现的微生物。这一结果受到了很大的怀疑,甚至胡克也认为这是种科学欺骗。胡克派了一位英国牧师和皇家学会的其他一些有声誉的观察者去荷兰代尔夫特市鉴定这份报告。这些观察者如胡克和他的伦敦同事一样惊讶。在 1677 年,皇家学会发表了列文虎克已得到验证的观察结果的英文版。由于胡克通晓荷兰语,他能够看懂列文虎克的论文,并在把这篇论文译成英文的过程中提供了帮助。列文虎克在 1680 年被选为英国皇家学会的国外会员,但他从来没有访问过伦敦。

列文虎克是一位富有创造性的天才。他没有接受过正规的高等教育,也与任何大学没有联系。他不懂拉丁语与希腊语这两种当时的教育用语;他只用荷兰语写作。他制造显微镜纯属娱乐,并将大部分显微镜赠送给了别人,他从来没有售卖过任何一台显微镜。他向皇家学会遗赠了自己的 26 台显微镜,这些仪器随后被"借给"了一些令人尊敬的科学家;所有的原件也自此便消失了。他剩余的显微镜以银的或仪器主要金属的重量被售出。在他 90 年的人生中,他育有 5 个孩子,不过只有玛丽亚(Maria)活过了童年。他的科学遗产几乎在 1723 年随着他的死亡而消失。

尽管列文虎克经常被认为是微生物学之父,但胡克是促使他成名的一位合作者。就像莱伊尔与达尔文的关系一样,一个半世纪后,列文虎克与胡克被看成是相互成就对方的人。两位伟人是发现不可见世界的重要推动者。在个人层面,他们一生彼此慷慨互重。

对微生物的描述和计数看起来支持生命自发产生(令人惊讶的胡椒水!)这一观点,该观点认为在没有任何明显世系的情况下,生物可以从已经死亡的或者非生物的资源中形成。举个例子,人们普遍接受腐肉产生蛆虫,或者埋葬的麋鹿角可以生成黄蜂这些认识。在那个时候,生命自发产生为大多数人所接受。列文虎克反对生命自发形成这一观点,但他无法证明这是错误的。微生物在自然界生物功能中的作用被完全忽略了。在近 200 年后，微生物才进一步受到重要关注。令人惊讶的是，17 世纪的一些主要科学发现（重力、光波、日心说和数学界令人难以置信的抽象科学），引起了物理界和化学界的科学大爆炸。但生物学界的主要发现却滞后了，直到微生物和人类健康联系起来时，人们才体会到它们的重要性。

胡克和列文虎克都没有学生。尽管《显微图谱》这本书在 1665 年及之后几年卖得很好，但列文虎克从未写过一本书，他的文章也没有被广泛阅读。不像伽利略，胡克和列文虎克的生物学研究没有继承者，也没有相关知识的直接传递者。对胡椒水的兴趣就这样消退了。在 18 世纪，微生物世界的研究又进入了一个停滞阶段，这一时期的自然哲学家将研究兴趣转向了动植物进化和包含已灭绝生物化石残骸的地质结构的层序。他们不需要一台昂贵精细的显微镜，只需要一把可以敲碎石头的锤子，就能成为一位业余科学家。

微生物研究的复兴始于 19 世纪中期，是由一位几乎被遗忘的英雄科恩（Ferdinand Julius Cohn）发起的。科恩是一位犹太神童。他于 1828 年出生于普鲁士的布雷斯劳，也就是今日波兰的弗罗茨瓦夫。据报道，科恩在两岁前就开始学习阅读，7 岁开始读高中，14 岁进入布雷斯劳大学。虽然他完成了博士学位的所有要求，但因当时普鲁士猖獗的反犹主义，他没有拿到布雷斯劳大学的学位。他在柏林大学完成了学业，19 岁获得了该校植物学博士学位，并在 1849 年回到了布雷斯劳大学。同年，他父亲给他买了一台当时最贵最好的仪器——西蒙·普罗索（Simon Plössl）发明的显微镜。我非常羡慕拥有那台显微镜的人。西蒙是一位奥地利的光学仪器制造者，他发明了一种对配有多个透镜的显微镜和望远镜的固有光学偏差进行校正的方法。他的透镜设计原则至今仍被沿用。

科恩利用他父亲送给他的礼物观察到了一些微小生物，这激发了他对微生物的兴趣。在柏林大学时，他因为跟着两个教授——米勒（Johannes Müller）和埃伦贝格（Christian Ehrenberg）——研究单细胞藻类而受到鼓舞。埃伦贝格教授是当时德国最著名的科学家之一。他鉴定了一种单细胞藻类——硅藻。硅藻来自达尔文乘"贝格尔号"旅行时在亚速尔群岛收集的灰尘颗粒。这是关于微生物可以通过风在空气中长距离传播的首次发现。埃伦贝格还指出白垩是由微生物化石组成的。这个发现后来成了在岩石中寻找微生物化石的一种通用模式。

随着科恩兴趣的增长以及显微镜光学性质的改善,他对藻类和细菌(至少是他认为的细菌)越来越感兴趣。科恩受过生物学的正统教育,他开始着手对其他生物种群背景下的细菌进行分类。相对于其他方向,生物分类对生物学家而言更加可靠和显而易见,至今仍然如此。科恩从来没有写过关于生命起源和微生物进化的书,但是他将细菌定义为单细胞生物,它们没有藻类和高等植物所拥有的叶绿素。尽管科恩知道大多数细菌无法进行光合作用,但他仍然把细菌和藻类归为植物。按当时惯例,科恩试图主要依据细菌的形态对细菌进行分类,这也是列文虎克在一个世纪以前曾经发明的一个简单分类系统,直到今天这个系统作为通用分类指导仍然具有某些用途(尽管它在20世纪已被分子测序技术所取代)。

或许科恩最重要的贡献就是他重新发现了微生物世界。就像列文虎克一样,他展示了微生物就在我们的周围:在水里、土壤里、空气中,在我们的口腔里和肠道中,在我们的手上、衣服和食物中。但是,不像同时代的大多数学者,科恩并不关注微生物在引起人类疾病方面的作用。尽管科恩致力于动植物的微生物疾病,并且远不及巴斯德(Pasteur)出名,但他具有更加广阔的眼界。他发现了微生物作为生物体有助于塑造地球的化学过程——行星规模的新陈代谢,他是环境微生物学令人激动的先驱。在我学术生涯的早期,科恩是一个激励着我的偶像。

科恩对于微生物学的贡献之一是微生物特殊菌株(即某一菌种的基因突变株)的分离。他发明了一种在液体培养基中培养微生物的技术,通过添加特殊营养物诱导一个或另一个菌株快速生长。1876年,

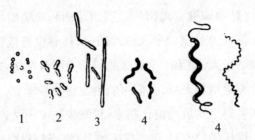

1 2 3 4 4

图7　科恩描绘的微生物形状。他在其1875
年发表的论文《关于细菌——最小的生物》
(*Über Bakterien : Die Kleinsten Lebenden Wesen*)
中描述了这些微生物。他把这些微生物鉴定
为藻类和植物相关型生物，并根据外形差异
把它们分为四类：1. 球菌（Spherobacteria，球
形）；2. 细杆菌（Microbacteria，短棒形）；3. 丝
状菌（Desmobacteria，直丝状）；4. 螺旋菌
（Spirobacteria，螺旋丝状）。这个基本的、简单
的描述性分类系统是非常有用的，并一直沿
用至今。

在列文虎克描述微生物200年后，一个叫科赫（Robert Koch）的德国农
村医生去咨询科恩一些关于炭疽起因的事情。科赫已经从土壤里分离
出潜在休眠状态的炭疽杆菌，并且发展了一种新的培养技术。他的方
法简单、精巧、独特。这种方法基于在凝胶表面分离微生物，来源于一
个单细胞的菌落能够在凝胶表面生长。科赫在这个基本理念下开发了
培养基配方——添加营养物使其均匀分散到来自海藻（琼脂）的凝胶
上，并将其作为一种生长培养基。融化的液态混合物被倒在一个平底
的小玻璃皿上，并配上一个合适的盖子。这种装置是由他的科研助手
彼得里（Julius Petri）设计的。当这种混合物的温度降至室温，它就会
形成凝胶，之后利用牙签就可以将微生物铺展在凝胶上。然后，微生物
将形成菌群并从凝胶上被挑出，重新接种生长。这一过程可以一直重

复,直到只有一种菌株被分离出来。利用琼脂和玻璃皿培养微生物使得纯化炭疽杆菌成为可能。令人惊讶的是,科赫没有被他自己的炭疽培养物所感染。今天,如果一个业余的科学爱好者在他/她自己的家或车库中的实验室里培养炭疽,我们可能会觉得很恐怖。

基于他和彼得里发展的纯化技术,科赫描述了一系列基本法则,直到今天这些法则仍是鉴定传染病载体的基础。科赫法则(Koch postulates)如下:(1)微生物必须存在于所有患病机体中,而非健康人体中;(2)微生物必须能够被分离并且在纯培养基中得以保持;(3)纯化的微生物在暴露于健康生物体时,必须具有致病性;(4)必须能够从(3)中暴露的生物体中鉴定和分离该微生物。通过应用这四个条件,科赫通过实验证明炭疽是牛生病的起因,这是第一例被充分证明的由微生物引起的疾病。

科恩对科赫的逻辑和细致的方法印象深刻。他于1886年在一本植物学期刊上发表了科赫的论文。后来在科恩的鼓励下,科赫继续证明了霍乱和肺结核也是微生物引起的疾病。科赫在1905年获得了诺贝尔奖,并且他的法则在之后的几十年成为了经典教义。20世纪的前70年,科赫关于微生物能够在培养基上分离与生长的见解被微生物学界普遍接受。这是一个符合逻辑的思路,有力地影响着致病微生物的鉴定,但是这些法则的教条性也在无意识中阻碍了对微生物生态和进化的研究。

几十年来,微生物学家耐心地分离微生物菌种。毫无疑问,研究被分离的单一微生物有助于我们理解单一菌种如何生活的基本特征。但这种方法也给我们理解微生物群落的功能带来了偏差。它类似于从水族馆的非洲棘鳍类热带淡水鱼的行为方式去推测它们在实际居住的湖泊中的行为。水族馆不是一个自然环境。皮氏培养皿以及含有比海洋或湖泊的营养物浓度高几千倍的液体培养基的试管也不是自然环境。直至20世纪后半叶,当科学家意识到微生物是生活在复杂环境的社会生物时,他们才真正掌握如何培养微生物的技术。我们稍后将讨论微生物的社会组织形式。

在列文虎克报道了微生物存在的 300 年后,即 1977 年,沃斯(Carl Woese)和他的同事福克斯(George Fox)(他们均是伊利诺伊大学的生物化学家和遗传学家)声称:基于胞内的核糖体结构,世界上的所有生物都可以分为三大类。众所周知,所有微生物都具有核糖体,但是一些生物的细胞内没有被膜包围的结构,而其他生物则有。他们发表在《美国国家科学院院刊》(Proceedings of the National Academy of Sciences of the United States)上的文章的摘要仅有一句话:"基于核糖体 RNA 序列特征的系统发育分析揭示,现有生物是下列 3 个原始生物的后代之一:(1)真细菌,包括所有典型的细菌;(2)古细菌,包含产甲烷菌;(3)原始真核生物(urkaryote),现在代表了真核细胞(eukaryotic cell)的细胞质组分。

更重要的是,此分类方法揭示了生物彼此间清晰的亲缘关系。不仅动物和植物只是生命之树上的小枝杈,而且动物与真菌的关系最为密切。很不容易让人理解的是,在进化亲缘关系上,相比高等植物,蘑菇与蚊子、大象或我们的关系更近,但事实确实如此。具体来说,沃斯和他的同事表明:所有生物体都可以基于其蛋白质组装机器的进化史被安排到生命之树上。

我们都知道一些蛋白质,它们是蛋清的主要成分,是我们的皮肤、头发、指甲和肌肉。它们是酶,酶将我们所吃的东西转化为能量和构成我们身体的物质。如果没有蛋白质,细胞将不能做任何工作。如果不能工作,细胞就无法复制。

蛋白质形成中的关键组分是**核糖体**(ribosome),核糖体是由蛋白质和**核糖核酸**(ribonucleic acid)或称 RNA 组成的复杂纳米机器。沃斯和福克斯对核糖体中的 RNA 分子进行测序,发现他们所选择的 12 种生物的 RNA 序列中存在细微但一致的差异。这 12 种生物包括 5 种细菌,4 种产生甲烷的微生物,1 种酵母,1 种小植物(浮萍)和 1 种小鼠细胞。他们发现来自细菌的核糖体中的 RNA 序列彼此之间的相似度远高于酵母、植物、小鼠的 RNA 序列,而且明显不同于代谢甲烷的微生物(古细菌)的 RNA 序列。这项工作还表明:虽然生命分为三界,但所有现存生物都通过其核糖体中的 RNA 序列彼此相关。

因为所有生物体都有核糖体,沃斯和他的同事们假定地球上的所有生物都是一个单一的但已灭绝的共同祖先的后代。不管如何想象,人们需要理解最荒谬和最离谱的观点,即核糖体独立地进化了数百万次,以创造我们今天看到的纷繁复杂的生命形式。事实上,沃斯证明了达尔文的观点:地球上的所有生命都与一个很久以前产生的共同祖先相联系。现存的核糖体信息使我们能够重构所有生物的亲缘关系。变成核糖体的古老纳米机器的基本进化是模糊不清的,但是从细菌到我们只能具有一个共同祖先。那个祖先必须是一个微生物。如果达尔文、胡克和列文虎克知道人们可以基于负责蛋白质合成的核糖体的结

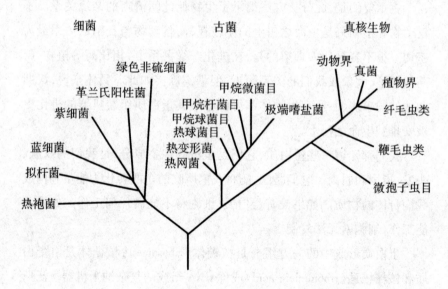

图8 沃斯和福克斯基于核糖体 RNA 序列的生命之树。生命之树依亲缘关系将生物体彼此联系起来。沃斯和福克斯发现,细菌实际上是两个截然不同的有机体的超级家族:细菌和古细菌。此外,动物与植物是真核生物这一大家族中的两个亚家族。生命之树中的绝大多数生物都是微生物。

构构建所有生物间的亲缘关系，他们一定会很惊讶。

1990 年，基于他和他的同事们已研究多年的核糖体核酸序列，沃斯构建了一棵全面的生命进化树。这棵生命之树与达尔文的设想存在根本性差异。地球上的生命远不止植物和动物，远远超过列文虎克、胡克甚至达尔文所能想象到的生命世界。世界上微生物的数量有着压倒性优势。事实上，微生物的数量远多于动植物数量的总和。我们并不知道微生物具体有多少，但至少有几百万种。我们所知道的是，生命之树能够帮助我们理解地球上现存的所有生命都来自单一的、已经灭绝的微生物生命体。

但是如果地球上的所有生命都来源于一个共同的微生物祖先，那么最后一个共同祖先是什么时候出现的呢？

第三章

史前世界

在我毕业于英属哥伦比亚大学并获得博士学位一年后，我受聘于位于纽约长岛的布鲁克黑文国家实验室新成立的海洋科学部。布鲁克黑文实验室的重心是物理，化学其次。虽然我不是物理部或化学部的一员，但在这 23 年中，我从研究物理和化学的同事身上学到了很多东西。

物理学家追求简单性。他们试图剥离自然现象直到其本质。物理学和化学的交叉点之一是核物理学，它对理解地质过程非常有用。20 世纪初，在这方面的理论研究，特别是物理化学家尤里发现同位素，有助于我们窥视史前的世界。

化学元素是由原子核中带正电荷的粒子（即**质子**）的数目所决定的。同位素拥有相同的质子数，不同的中子数。中子没有电荷，但它们的作用类似于原子核中的"胶水"，防止质子相互排斥。每一个元素都有几个同位素。例如，碳含有 6 个质子。最丰富的碳同位素包含 6 个质子和 6 个中子，因此表示为碳 12。但也有一个碳同位素包含 6 个质子和 7 个中子（碳 13），另一个包含 6 个质子和 8 个中子（碳 14）。前者是稳定的，可无限期存在，后者是放射性的，也就是说，其中一个中子衰变成为质子,从而形成氮14,氮14是稳定的和无限期存在的。当碳14中的中子衰变成质子时,原子同时发出带负电的粒子,即**电子**,通常称为 β **粒子**。我们可以非常准确地检测到 β 粒子的发射,因此原材料中的碳14的丰度得以确定。碳14的半衰期大约是5700年,也就是说,在大约5700年之后,一个样本中一半的碳14原子将变成氮14。碳14的放射性衰变可以使含碳物质的年代得以测定,例如骨骼、牙齿、木材等。但经过数万年,几乎所有的碳14都衰减了,信号弱到不能用来为样本材料定年。例如,几百万年前形成的煤和石油,这个时间段大大超过放射性同位素的几个半衰期,不会再有任何可检测的碳14。然而幸运的是,自然界中还有其他的放射性同位素,它们的半衰期长达上百万年,甚至几十亿年。其中两个是铀的同位素:铀238和铀235。

这两种铀的天然同位素形成于一颗非常热的、寿命很短的恒星的**超新星**阶段,我们的太阳系就在这个阶段形成,远在太阳开始照耀之前。当我们的太阳系形成时,铀同位素被并入陨石中。铀238的半衰期为44.6亿年,而铀235为7.04亿年。最终,这两种同位素衰变形成两种不同的、稳定的(非放射性)铅同位素。

第二次世界大战期间,美国国家实验室对铀同位素的研究非常支持,因为其中一种同位素可以用来制造原子弹。然而,除了生产武器,人们发现铀同位素还有其他应用。事实上,岩石中天然元素的放射性特征使我们能够追溯地球早期的历史,包括微生物生命的最早证据。

1953年,加州理工学院31岁的化学家帕特森(Clair Patterson)测定了在亚利桑那州北部代阿布洛峡谷的一个火山口发现的陨石中的铅同位素。这颗陨石是在大约5万年前的一次陨石撞击过程中形成的。由于陨石是在太阳系形成的早期产生的,所以陨石的年龄应该与地球的固体表面形成的时间大致相符。

帕特森把陨石样品拿到阿贡国家实验室进行铅同位素分析,他知道这一定来自两种铀同位素的衰变。基于非常仔细的分析,他计算出地球的年龄为45.5亿年,这一数据经受住了进一步科学审查的考验。

在帕特森测量铅同位素之前近一个世纪,达尔文计算的地球年龄为3亿年,相差超过了10倍!

铅同位素推断的日期是什么意思? 这意味着地球这颗行星在45.5亿年前形成了一个坚硬的外壳。但是,如果地球比达尔文想象的要老得多,那么生命是什么时候在地球上开始进化的呢? 帕特森所研究的陨石中铀的放射性衰变对温度不敏感,即使陨石变得非常热或非常冷,计算的年龄也完全相同。但与陨石不同的是,地球上的大部分岩石都经历了一次或多次的变化,因为地球的内部非常热。热量是由铀和其他两种元素钍和钾的放射性衰变产生的。反过来,地球内部的热量会在地表造成火山爆发和地震。这个过程给地球表面带来了新的物质,但同时迫使海洋中的沉积物进入地球内部,在那里它们被熔融。另外一个时间带来的因素是,古老的岩石随时间流逝变得越来越小,因为大多数非常古老的岩石会被侵蚀而形成松散的沉积物,俯冲至地下,熔融,形成新的岩石。这个过程需要几亿年的时间,很少有岩石能得以幸免;即使不被完全侵蚀,岩石也往往受到温度和压力变化的影响,这足以摧毁任何生命活动保留的有机物残余。具有讽刺意味的是,允许我们重建地球年龄的元素摧毁了地球表面最古老岩石中生命的证据。

在地球的一些地方,可以找到非常古老的岩石,它们没有经历过极端的高温事件或其他导致地质记录被破坏的事件。最古老的岩石位于格陵兰岛西南部的伊苏瓦组(Isua Formation),这是地球上最有趣的游览区之一。这些岩石都是38亿岁左右,很容易看到,因为几乎没有植被覆盖它们。几年前,我和我的朋友兼同事罗辛(Minik Rosing)花了一个月进行考察,他这几十年一直在研究伊苏瓦组的岩石。我们很难在岩石上看到令人信服的生命存在过的证据,也没有实体化石的证据。然而在伊苏瓦组中有小石墨纹理。石墨是一种固体碳,在16世纪也是一种非常珍贵的矿物,因为它可以用来制作用于盛放熔融金属的模具,例如炮弹的模具。虽然我们可能不知道炮弹是怎么制造的,但我们都知道石墨是什么:一种粉状的矿物,与黏土混合,在过去的两百年中被用来制作铅笔里的"铅"(实为石墨)。在伊苏瓦地区,石墨纹理是由数十亿年前沉积岩的受热造成的,这些岩石起源于古老的海洋。

伊苏瓦的石墨高度富集了碳的两种稳定同位素之一:碳12。这种富集是令人好奇的,因为有机质中碳12富集的主要原因是光合过程的结果。所有的光合生物,比如我在黑海研究过的微生物,更倾向于用较轻的、稳定的碳同位素来制造它们的细胞。难道伊苏瓦石墨中碳12同位素的富集意味着在38亿年前的海洋中就有光合微生物存在?我不确定我们是否能有明确结论,来自该地区的岩石已经因温度压力的变化改变太多了,因而很难据此推断出更多东西;但是,还有其他较为年轻的岩石,它们并没有随时间改变多少。

南非和西澳大利亚州是另两个发现古老岩石的地区。这两个地区最古老的岩石可以追溯到大约36亿年前,它们包含更多有形的指示生命的实体化石和碳的同位素组成。一个发现实体化石的地方是西澳大利亚州斯特雷利池组(Strelley Pool Formation),这里有大约34亿年前的微生物证据。虽然很难看到和验证微生物的实体化石,但是任何一种生物死亡时,它在沉积物中留下生化痕迹还是有一点非常小的可能性的。以微生物为例,保存得最好的痕迹通常来自脂质——它们是组成细胞膜的脂肪。这些分子化石是在距今27亿年前的岩石中发现的。很难找到那些还没有被加热或改变的古老的岩石,所以根本就不能保存任何复杂的有机材料。不幸的是,无论是核糖体,还是任何其他核酸或蛋白质,都不能在岩石中被保存数十亿年,如果它们可以被保存那么久,我们对生命历史的理解将更加完整。在更加年轻的岩石中,有微生物生活的有力证据。大约在26亿年前,岩石中有清晰可见的微生物实体化石,碳、氮、硫同位素的变化也为当时海洋中丰富的微生物世界的存在提供了有力的证据。

基于分子(主要是脂源性分子)化石和实体化石的岩石记录表明,在地球历史上的第一个35亿年内,或者自地球形成以来的前85%的时间段内,所有的生命都是微生物,且几乎全部局限于海洋中。那时没有动物、没有陆地植物、没有真正的土壤,在很长、很长的一段时间里,几乎没有氧气。

但是,我们可以说说这些古老的微生物在当时实际上是如何发挥作用的吗? 这能告诉我们,为什么在微生物出现大约 30 亿年后,植物和动物会崛起吗?

古代微生物岩石记录的模拟物是黑海。事实上,在许多方面,现代黑海的深层水体似乎拥有许多类似的生物类型,这些生物可能也存在于 30 亿年前的海洋中。

为什么我们认为黑海是一个被遗忘的微生物世界的现代翻版呢?

1997 年,来自哥伦比亚大学的瑞安(Bill Ryan)和皮特曼(Walter Pitman)提出,大约 7500 年前,由于北半球冰盖的融化,来自地中海的海水通过博斯普鲁斯海峡涌入黑海。他们的假设是:洪水是迅速产生的,这可能是诺亚方舟故事的真实基础。不管洪水是突然地或像其他人所争论的那样是逐渐地涌入黑海,其结果是,温暖的、非常咸的水通过狭窄的浅槛(将现代土耳其的欧洲部分和亚洲部分隔开)进入了盆地。这咸水的密度比流入盆地的来自顿河、第聂伯河、多瑙河和北方其他河流的淡水的密度要大。密度大的咸水沉入盆地深处,而上覆水则相对较轻。水团物理密度的差异使得深层海水几乎不可能到达表层并通过大气层氧化。因此,由表层海水中的光合生物产生的有机物会沉入黑海的内部,被微生物吸收并用作呼吸底物,耗尽黑海内部的氧气。事实上,黑海内部几千年来一直处于缺氧状态。它是唯一一个这么长时间缺氧的半封闭盆地。我们如何得知这点呢?

作为 20 世纪 50、60 年代核武器试验的结果,大量碳 14 产生并扩散到了大气层中。其中一些碳与海洋的表层水接触,当表层水被带入海洋内部时,同位素的放射性衰变可以被精确地测量和跟踪,这提供了一种计时手段。通过计算大气中的碳 14 初始浓度,海洋学家可以确定任何洋盆的水体是在多久以前暴露在空气中的。基于这样的分析发现,现代黑海的深层水最后一次暴露于空气中是在大约 1500 年前。尽管从地质角度来说这个时间不算长,但水一旦再次下沉,这个时间已足以让表层百米以下产生的氧气被迅速地消耗掉。现代黑海的内部至少在过去的8000年里一直处于缺氧状态。

虽然黑海深部的微生物并不真是几十亿年前的化石,但它们是活化石,它们保留了代谢过程,或者简单地说它们保留了地球历史上早期进化的内部机器。实际上,它们保存了遍及数十亿年前的海洋世界的生物代谢过程。通过了解它们的新陈代谢,我们可以大致了解生命在漫长的岁月中是如何运作的。通过研究这些古老的微生物机器,我们不仅能了解数十亿年前的生命是如何运作的,还可以弄明白微生物和所有其他植物、动物(包括我们自己)之间的关系。

让我们看看"引擎盖下",看看某些机器是如何使这些肉眼无法看见的生物工作的。我们将探讨微生物如何在其细胞内发展出小机器,而这些小机器将成为地球生命的引擎和使得地球成为宜居行星的关键。

第四章

生命的小引擎

罗伯特·胡克无法预见他用小刀割下软木塞薄片并对其微观结构（即细胞）进行描述的重要意义。三个多世纪以来，科学家们花费了大量的时间和精力去了解细胞——最小的能进行自我复制的生命体——如何工作。众人的努力使得我们对探索细胞内部"机器"的运作——这些"机器"使细胞获得能量、生长和繁殖——充满了兴趣。虽然我们不知道所有的答案，但我们知道，在细胞本身分散的亚结构内还有更小的结构（像俄罗斯套娃一样），它们拥有特定的功能。简单地说，我把细胞内的这些小结构称为生命的纳米机器。它们大部分是由蛋白质和核酸组成的，并承担所有活细胞所必需的功能。我花了大量的科研时间试图了解它们如何工作。

了解这些纳米机器的功能是很重要的，因为它们的内部运作使我们能够了解基本的生命活动是如何被复制以及如何被包装成不同形式的。这个概念大致对应于从供应商获得电子元件并组装成放大器、收音机、电视或任何可以设计的电子产品。自然界有许多不同类型的纳米机器。正如我前面所讨论的，最古老的核糖体从数十亿年前的微生物祖先中进化而来。我们会在第五章讨论古代世界的早期微生物，但首先让我们看看其他的纳米机器，了解它们在细胞内是如何工作的。

在某些方面，试图研究活细胞内部的纳米机器就好比还不知道引擎盖下的是什么就试图理解汽车是如何工作的。我们看到汽车在街上四处行驶，很明显，它们有一些机制可以让它们移动。我们可以停下车，把钥匙从点火器里取出来，车就开不动了。如果我们可以打开汽车的引擎盖，我们就可以拆解机械并检查所有的部件——下至每个螺栓、每个垫圈、每个垫片。如果我们仔细看一看，我们可以看到零件以一种非常精确的方式被组装起来，至于该如何组装它们却没有任何说明。除非我们了解部件的作用，否则我们无法想象整个机器是如何让汽车沿着道路行驶的。但是拿出一个活塞或一个电池，更不用说一台计算机，也许就可以为我们了解特殊部件的功能以及它如何在整个机器中发挥作用提供线索。

为了了解细胞如何运作，我们举了理解汽车如何工作的例子来作类比，这显然是不完美的。细胞比汽车复杂得多。汽车不会自行组装，它们不会复制自己，而且不幸的是，它们也没法自我修复。可能并不太令人惊讶的是，生物学家已经将一些组分从细胞中分离并试图研究单个组分如何起作用，但迄今无法从零开始将细胞组分重新组装成一个全功能的、可自我复制的有机体。为了了解细胞的"引擎盖"下是什么，我们还有很长的路要走。然而，自胡克描述细胞的基本结构以来，这300年中我们已经在了解细胞的核心组分方面取得了很多进步，我们开始了解细胞内的纳米机器如何工作。这些知识让我们明白了细胞组织在生命之树上的分布模式。事实上，它给了我们一个机会去理解生命到底是什么。但是，在我们深入具体的细节之前，让我们简要回顾一下这些细胞组分是如何被发现的。

细胞组分的发现始于19世纪，这离不开显微镜的改进和家境通常比较优裕的男性生物学家的好奇心和耐心。1831年，苏格兰植物学家布朗（Robert Brown）向伦敦的林奈学会提交了一篇论文，他通过显微镜检查在兰花细胞中心（后来在花粉中）的非透明区，发现了他称之为

核区的结构;这是第一个被识别的细胞内结构。1869 年,在德国工作的瑞士医生米舍(Friedrich Miescher)发现,布朗识别的细胞内结构包含有趣的生物成分,它们不是蛋白质,他称这种新成分为**核素**。近一个世纪后,人们发现这些成分携带着制造新细胞的信息。

在 19 世纪后期和 20 世纪早期,透镜制造者开发出越来越好的透镜和其他光学元件,使光学显微镜能够真正地深入大细胞观察。在利用特定染料针对特定组分染色后,可视化图像变得更好。这些类型的进展使得人们对真核细胞(有细胞核的细胞)中的一些细胞器排列有了一个非常基本的了解。植物和动物本质上都是有组织的真核细胞团块。

有了更好的透镜、染料和更高放大倍数的显微镜,研究者们在一段相对较短的时间内连续作出了几个发现。1883 年,另一位植物学家、德国人申佩尔(Andreas Schimper)利用淀粉遇碘变成暗褐色的原理,发现淀粉在他称之为**叶绿体**的植物细胞绿色小型结构中合成。1890 年,另一个德国人阿尔特曼(Richard Altmann)发现所有的动物细胞中都有一团小颗粒。他称之为**原生体**;原生体后来被称为**线粒体**。阿尔特曼也发现,米舍所发现的核素呈酸性,因此将该物质改称为**核酸**。1897年,意大利医生高尔基(Camillo Golgi)描述了另一个结构,它后来被称为**高尔基体**。起初,人们认为这种结构是高尔基的染色污染所造成的误差,直到 20 世纪中期,它才被证实是一个真实的细胞器。极其耐心的观察者们后来又用当时最好的光学显微镜发现了其他一些大的结构。但是,无论镜片有多好,应用可见光的显微镜存在着一个物理极限。

在可见光下,很难看清小于千分之一毫米(即 1 微米)的结构。人的头发直径约 100 微米。大多数细菌和其他微生物的直径大约是 1—2 微米,有时甚至更小。要用我们的肉眼看到它们,需要排列大约 100个这样的细胞才能达到人类头发的直径大小。因为微生物是如此之小,所以几乎无法辨别它们内部的结构。有微型核吗?线粒体?叶绿体?这种为解析细胞内的亚结构而进行的探索让人想起列文虎克早期将可见的微生物视为微型动物的概念。几十年来,受限于光学显微镜的分辨率和放大率,辨别小细胞或在大细胞中区分极小的细胞结构等方面的科学研究处于停顿状态。

一个大的突破出现在20世纪30年代,当时德国物理学家克诺尔(Max Knoll)和他的学生鲁斯卡(Ernst Ruska)研制出一种使用高能电子的新型显微镜,高能电子束被加速后通过真空管打到样品上,电子束会分散、吸收或发送电子。由此产生的图像分辨率可提高到1/10微米级,超过光学显微镜最高分辨率的100倍。一个全新的世界被打开,在这个世界里,我们头一回真的可以"看到引擎盖底下"的细胞内部结构了。

用电子显微镜检查细胞迅速证实了细胞核、高尔基体、线粒体和叶绿体在真核细胞中的存在。但令人惊讶的是,它也表明,这些结构在许

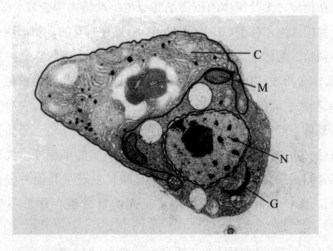

图9 绿藻细胞超薄切片的电镜图。这种生物是一种真核生物(见图8)。和许多真核生物一样,它包含了许多具有膜结构的细胞器。在这种藻类细胞中,这些器官包括:叶绿体(C),线粒体(M),细胞核(N)以及高尔基体(G)。[原始图片由莱德贝特(Myron Ledbetter)和法尔科夫斯基(Paul Falkowski)提供]

多微生物中是缺失的,就好比细胞内是一些不完整的俄罗斯套娃。那些缺乏细胞内膜结构的微生物被编成一组,称为**原核生物**。然而,不管一个细胞是否有细胞核,所有细胞内部结构的细节都显示,细胞具有某些共同的结构。所有的细胞都需要一些特定的组分。

其中一个必需的组分是核糖体。1955 年,在纽约洛克菲勒研究所(现洛克菲勒大学)工作的罗马尼亚生物学家帕拉德(George Palade)首次发现了核糖体。帕拉德使用当时最好的电子显微镜描述了哺乳动物和鸟类(都是真核生物)细胞图像中的这种结构。核糖体看起来像一个非常小而模糊的球,既漂浮在细胞内的液体中,同时也沿特定的内膜排列。帕拉德发现小球含有蛋白质和一种核酸,但该细胞器的功能又过了 10 年才被弄明白。然而,有一点是明确的:在细胞核中的核酸是 DNA,而核糖体带有的是核糖核酸——另一种类型的核酸,带有一种不同的糖,即核糖,核糖比 DNA 中发现的脱氧核糖多了一个氧原子。这个小的球状体后来被称为**核糖体**(ribosome),即"核糖"(ribose)和"身体"(some)的缩写。

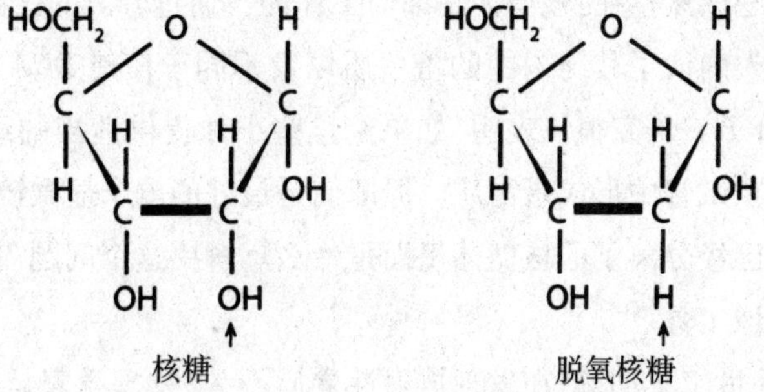

图 10 核糖和脱氧核糖的结构示意图。前者在核糖核酸(RNA)中被发现,而后者存在于脱氧核糖核酸(DNA)中。

核糖体是通过信使分子从 DNA 序列中获取信息的微型机器。信使是基因序列的镜像或互补模式,是蛋白质序列的核酸模板。RNA 的互补链称为**信使 RNA**。信使 RNA 中的信息可指导核糖体:哪些氨基酸相互化学连接并且以什么顺序排列。由此产生的氨基酸链成为蛋白质,满足细胞功能需求并实现自身修复和复制。

由于细胞的所有基本模块都是蛋白质或是依赖蛋白质来合成的,所以核糖体是每个细胞必不可少的组成部分。它们是非常复杂的机器。它们的直径只有大约20—25纳米(纳米是微米的千分之一,微米是毫米的千分之一),这使得我们即使利用电子显微镜也很难看到核糖体。这是一个两难的问题:除非我们可以看到蛋白质合成所用的机器,不然我们如何才能理解细胞最基本的功能之一(制造蛋白质)? 这里有赖于生物化学家和物理学家出手相助。

生物化学家专门研究特定细胞组分的特征,尤其是通过将细胞组分拿到胞外来了解它们如何工作。生物化学家通常先裂解细胞,将其分离成不同组分的提取物。分离的主要设备是离心机,在高速旋转的过程中,不同质量的组分达到了分离的效果。质量越高,离心管中的物质或颗粒向下的距离就会越大。帕拉德利用超高速离心机分离获得了他在电子显微镜下观察到的模糊的圆球结构。

但问题依然存在:核糖体是如何工作的? 通过分离的核糖体,帕拉德和其他人确认了其结构中的蛋白质以及不同于信使RNA的另外一种RNA分子。研究很快表明,如果给这些小球提供适当的组分,这些小球可以在试管中形成蛋白质。但即使是最好的电子显微镜也不能分辨帕拉德已经分离了的核糖体里面是什么。解决这个问题需要一个更强大的成像工具。

在20世纪早期,即在发现放射性之后不久,物理学家认识到X射线(高能光粒子)在通过晶体时会形成非常有组织的散射。X射线比电子具有高得多的能量,能够解析非常微小的结构——甚至能达到单个原子的水平。通过获得具有细微角度差异的晶体的X射线图像,物理学家和化学家可以确定晶体中单个原子的排列方式。这种方法随后被用来识别纯化的细胞成分的结构,在第二次世界大战后不久,人们发现确定蛋白质晶体中的原子的排列方式是可行的。这是非常繁琐的工

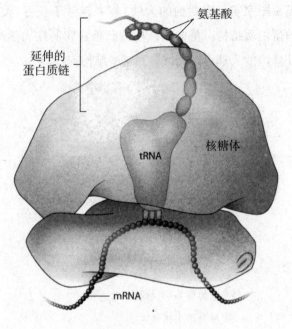

图11 核糖体的基本功能示意图。这种纳米机器以
原本由 DNA 编码继而转录为信使 RNA(mRNA)的遗
传信息为模板合成蛋白质。信使 RNA 提供了针对某
个特定蛋白质的氨基酸序列信息;细胞中的每种蛋白
质都有特定的信使 RNA。核糖体(由许多蛋白质和
RNA 组成的巨大的复合物)"解读"信使 RNA 上的信
息,并使用有特定氨基酸附着的第三种 RNA 分子(转
移 RNA,即 tRNA),以每次增加一个氨基酸的方式来
合成蛋白质。随后,从核糖体中释放出的蛋白质会在
细胞中找到合适的位置。

作。需要获得数以百计的 X 射线图像,并在没有计算机帮助的情况下
叠加到一起分析。通过计算晶体中 X 射线的散射角,物理学家和化学
家可以推断出分子的结构,尽管不能用显微镜直接看到它。随着计算
机和极高能量的 X 射线源(如同步加速器光源,其中一个就在我所在

的布鲁克黑文国家实验室对面的大楼）越来越易于获得，人们确定了越来越多的蛋白质结构。蛋白质结构被归档在我所在大学的化学系，任何使用计算机的人都可以在线看到这些结构。

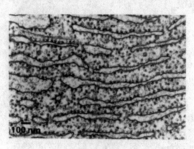

图 12　真核细胞的核糖体（图中模糊的小球）沿着膜系统（内质网）分布的电镜图。正是从这种类型的图片中，帕拉德首次识别并随后分离了核糖体。

核糖体不是由单一的蛋白质构成的，也不是简单的多个蛋白质，而是复杂得多的结构。在原核生物中发现的最简单的核糖体不仅含有RNA分子，还带有约60个蛋白质分子组成的两个结构单元。试图得到完整的核糖体结晶曾被认为是极不明智的，更不用说从X射线获得任何关于它们结构的有用信息了。然而，在20世纪80年代后期，两位科学家做到了，他们是美国人诺勒（Harry Noller）和在德国、以色列工作的以色列生物化学家约纳特（Ada Yonath）。凭着极大的耐心、毅力和洞察力，两人制作了核糖体的第一幅X射线图像。

在接下来的20年里，世界各地的一些科学家开始分析这些神奇的纳米机器。通过对许多X射线图像进行非常仔细的分析，加州大学圣塔克鲁斯分校的诺勒、魏茨曼学院的约纳特、耶鲁大学的塞茨（Thomas Seitz）和曾在布鲁克黑文国家实验室工作（我的同事之一）、随后去了剑桥大学的拉马克里希南（Venkatraman Ramakrishnan）完整地揭示了核糖体是如何工作的。后三者因其贡献分享了2009年的诺贝尔化学奖。

　　核糖体的两个主要复合体相互作用,类似于一对齿轮的工作原理。氨基酸由第三个 RNA 分子(称为**转移 RNA**)运送到核糖体。当信使 RNA 像一块意大利面条一样被送入核糖体时,两种蛋白质复合体来回移动,将适当的氨基酸与前一种氨基酸相连,形成一种蛋白质。这种蛋白质工厂因此"复印"了基因中的信息。这种复杂的机器惊人地有效——每秒 10 到 20 个氨基酸被添加到新生成的蛋白质串上。

　　这种复杂的蛋白质工厂在每一个活细胞中都是必需的。核糖体内的 RNA 可以有微小的变化,但这些变化被认为是**中性突变**,这种突变在自然界中一直存在。它们是随机发生的事件,不影响过程的结果。我们可以看到我们周围的其他中性突变。比如我们每个人的指纹模式略有不同。我们中的一些人有螺旋纹,其他人有弓形纹、脊状纹或环状纹。我们的触觉灵敏度和指纹图谱之间没有相关性。同样,核糖体 RNA 的突变似乎并没有影响核糖体产生蛋白质的速率。没有"超级核糖体"和"废物核糖体"(至少我们不这么认为)。事实上,所有核糖体的结构是如此相似,它们几乎无法被区分,但是,核糖体内的 RNA 的核酸序列之间有小的差异。这些差异使沃斯和福克斯可以将原核生物分成细菌和古细菌两个超级组,它们都与真核生物很不相同。虽然核糖体 RNA 中核酸序列的差异使我们能够追踪所有生物体的进化史,但 RNA 序列的差异并不影响核糖体的基本功能。所有细胞都以相同的方式制造蛋白质。

　　不过,合成蛋白质并不简单。氨基酸不会自发地形成化学键,要形成两个氨基酸之间的键需要能量。那么,形成蛋白质所需的能量来自哪里呢? 它是由另一组位于细胞内其他地方的纳米机器所提供的,在这里,细胞内部的世界变得更加离奇。

　　在所有细胞中担任能量传递的"分子通货"一职的是一种被称为**腺苷三磷酸**(ATP)的分子,它是一种单一的核酸分子,含有一份核糖和三个一个接一个连接的磷酸基团,DNA 和 RNA 中均有 ATP。当这种分子用于生化反应时,它被裂解为腺苷二磷酸(ADP)和一个磷酸基团。ATP 水解断裂的过程中会产生化学能,而这种能量有许多用途。ATP 在所有生物体中,尤其是微生物中的主要功能之一是蛋白质的合成。另一种是运动性。还有就是推动离子,如质子、钠离子、钾离子、氯离子等穿过细胞膜。我们发现,所有这些功能和未在此处提及的功能都存在于生命之树上。ATP 在地球上所有细胞中的普遍分布使我们开始思考一个问题:细胞如何合成 ATP?

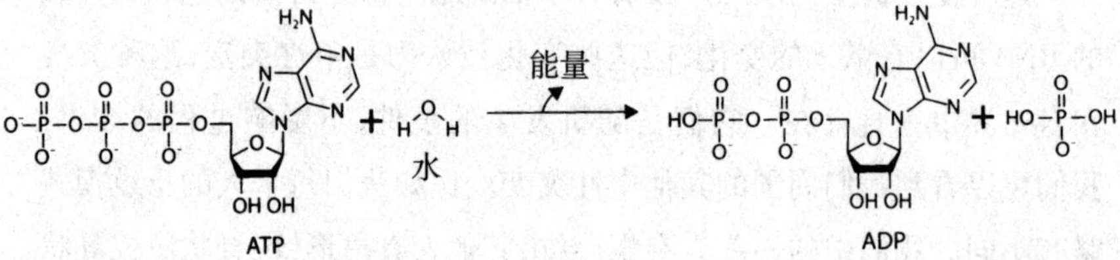

图 13 生命界中通用的能量货币是腺苷三磷酸(ATP)。当 ATP 在某些酶中与水分子结合时,一个磷酸基团被切离,从而形成腺苷二磷酸(ADP)和无机的磷酸盐。这种反应释放出所有细胞生存所需的能量。

对"绝大多数 ATP 是如何在细胞中产生的"这一问题的解答是非常有争议的,这一问题也是生物学中最深奥的问题之一。自从巴斯德发现微生物可以在厌氧条件下利用葡萄糖作为能量来源以来,人们已经知道,要想在细胞中产生 ATP,可以通过将一些小分子的磷酸基团直接转移到 ADP 来实现。很长一段时间,这个被称为**底物磷酸化**的过程,被认为是 ATP 的唯一来源,但获取的 ATP 数量与实际测量数据还是对应不上。虽然在无氧的情况下,由微生物产生的 ATP 的量往往是低的,但在氧气存在的情况下,产生的 ATP 比底物磷酸化过程产生的多得多。所以,必定另有一个 ATP 来源。

20 世纪 50 年代,有点儿古怪的英国生物化学家、当时在剑桥大学工作的米切尔(Peter Mitchell)正在思考离子如何跨膜运输的问题。膜是**离子**(携带电荷的可溶性原子或分子)的扩散屏障。他知道,在微生物中,ATP 可以帮助离子和其他分子进出细胞,穿过细胞膜。但是他的一个研究生发现，在细菌中，糖进入细胞的过程伴随着细胞内氢离子（质子）的流动。糖和质子的流动依赖于 ATP。米切尔认为，如果反应朝着一个方向发生，它也有可能朝相反的方向发生，即通过向细胞中加入质子，可以制造 ATP 而不是消耗它。他离开剑桥，在康沃尔重新搭建了一间小实验室。在那里他想出了一个新主意。

大量 ATP 的产生不仅与阿尔特曼 70 年前描述的结构——线粒体——有关，ATP 的产生速率还取决于氧气的存在。氧转化为水，这意味着每两个氢原子（H）与每一个氧原子结合而形成水（H_2O）。

米切尔提出，线粒体内有一种跨膜的力与细胞器中质子的浓度有关。他发现线粒体里面有一个膜的网络，膜一侧的质子浓度比另一侧高。当质子从浓度高的一侧移动到浓度低的一侧时，ATP 就形成了。这个被米切尔称为化学渗透（chemiosmosis）的过程，需要线粒体内的膜保持完整。

在米切尔于 1961 年发表他的假说后不久，康奈尔大学的年轻研究员贾格道夫（André Jagendorf）证明类似的过程也存在于叶绿体中。贾格道夫从树叶中分离出叶绿体，并将之浸入酸性溶液，但让它们处于黑暗之中。没有光，叶绿体就不能进行光合作用，但细胞内呈酸性。然后他将叶绿体转移到黑暗中的中性溶液中，当质子流出时，ATP 就形成了。20 年后人们才发现负责此过程的纳米机器究竟是什么以及它是如何运作的，而米切尔因发现产生能量的化学渗透过程于 1978 年被授予诺贝尔奖。

米切尔揭示的基本现象是：生命利用电势梯度产生能量，也可以利用能量产生电势梯度。这个过程类似于电池运行的方式。实际上，所有的生物都是发电系统，它们的工作原理是让离子（如质子）穿过一个膜并产生自己的电势梯度。质子和电子的来源是氢——宇宙中最丰富的元素。电势梯度的建立需要一个膜，没有它，质子或其他离子的浓度就没有差别，因此也就不会有制造 ATP 的能量来源。米切尔的发现有助于理解负责 ATP 生产工作的结构。这些纳米机器被称为偶联因子

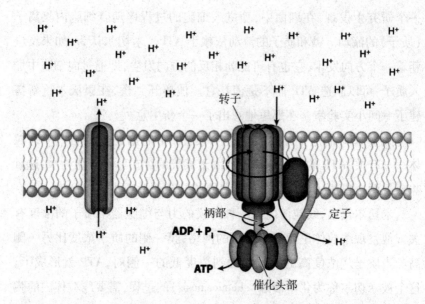

图 14 细胞通过产生膜内外的电势梯度来合成腺苷三磷酸。在许多细胞及两个器官(线粒体和叶绿体)中,电势梯度是通过质子梯度产生的,也就是说:膜一侧的质子(氢离子)比另一侧的多。当质子穿过锚定在膜上的偶联因子时,ATP 就被合成了(见图 15)。

(coupling factor)。

偶联因子实际上是跨越膜的微型马达。它们包含一个轴,这是一组跨越膜的蛋白质,在轴的一端插入一组较大的蛋白质(头部基团)。基本的设计有点像微型的"旋转木马"。膜一侧的质子结合并沿轴移动以穿过膜。在这个过程中,它们沿转动轴逆时针运动,有点像水流穿过水车并使其转动。当轴转动时,它机械地推动结合了 ADP 和磷酸盐的较大的蛋白质(旋转木马的甲板)转动。"甲板"的转动是有规律的,大约每转动 120 度形成一个 ATP 分子并释放到细胞中执行其他功能。这一马达也可以反向操作。如果细胞中有大量的 ATP,它可以输送质子或其他离子穿过细胞膜,同时 ATP 转化为 ADP 和一个磷酸盐。

这一用于生产 ATP 的微型电机的基本设计是非常古老的。它很久以前就在微生物中开始进化,我们很难理解它的进化史。它在自然界中随处可见。在所有的动物中,它是肌肉和神经的重要组成部分。它存在于植物的根和叶中。它是在微生物中发现的。ATP 的生产对所有生物体都非常重要并极其依赖于细胞膜的存在,因此所有生物体都必须在细胞膜上保持电势梯度。另外,电势梯度对于将必需的营养物质运入细胞和将代谢废物运出细胞也是必不可少的。但"反向"运行偶联因子产生的电势梯度则会消耗能量。

无论以何种方式以及在什么地方,生物机器必须从环境中获取能

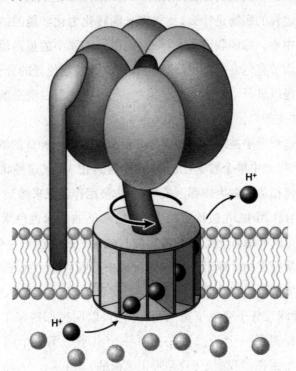

图 15　偶联因子通过质子流产生 ATP 的基本机制。质子穿过膜上的茎秆状结构,使其自然地旋转,随后位于膜另一侧的纳米机器的头部开始振动。这种物理性的振动使 ADP 和无机磷酸盐(见图 13)连接到头部基团,在那里它们通过化学反应形成 ATP。

量,以产生制造电势梯度所需的细胞内能量,否则生命就会迅速停止。地球上所有生命的能量归根结底来自太阳*。光合作用引起了自然界中最复杂的生物反应的进化,而我长期致力于了解这个过程。这个过程的核心是另一套纳米机器,人们只在光合生物中发现过这套纳米机器。

在能够进行光合作用的真核细胞(如藻类和高等植物)中,人们仅在叶绿体中发现了对此负责的纳米机器。然而,光合过程的基本设计最初是在细菌中发现的,这种细菌并不裂解水,而是利用分子氢。无论光合作用过程的底物是什么,负责将光能转化为化学能的纳米机器被称为**反应中心**。像偶联因子一样,它们由嵌入膜中的蛋白质组成。这几组蛋白质带有色素(如叶绿素)和其他位于特定位置的分子,由此光生物反应得以进行。照生物化学家的说法,这些蛋白质是纳米机器工作部件的"支架"。

光合过程近乎神奇。光被吸收并形成化学键。神奇的纳米机器做了什么,使得光中单个粒子(光子)的能量转化为糖(这种物质对我们和几乎任何相关的微生物都至关重要,它被用作能量来源)?

在光合作用中,光被特定的分子(最常见的是绿色色素:叶绿素)吸收。特定的叶绿素分子吸收特定波长或颜色的光会产生化学反应。当一个非常特定的叶绿素分子嵌入反应中心吸收来自光子的能量时,光粒子的能量可以将叶绿素分子的电子推开。经过大约十亿分之一秒的时间,叶绿素分子变成了正电荷。[你可以回想那些穿 T 恤的书呆子拿着小棒对另一个说:"我失去了一个电子。"第二个问:"你确定吗?"第一个回答:"我确定(我是带正电荷的)。"]

在细胞中没有自由电子这样的东西。一旦电子从分子中移除,它就得去某个地方。一种可能性是,它回到了产生它的分子中,这种情况偶尔会发生,但很少。然而,当这种小概率事件发生时,反应中心会发

---

* 不完全准确,也存在依赖于地球内部化学能的化能自养过程。——译者

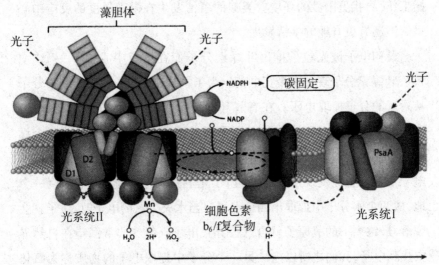

图16 产氧生物的反应中心示意图。这是唯一能够裂解水分子的生物纳米机器。它由许多蛋白质组成,其最重要的功能是利用光能将水分子裂解为氧气、氢离子和电子。这种结构锚定于膜上,由水分离反应产生的氢离子被放置于膜的一侧。它们通过偶联因子(见图15)进行流动,从而产生 ATP,并最终与膜另外一侧的电子相遇。

出红色的光芒——它真的在发光。但更常见的是,光的能量足以将电子推向另一个其实不需要它但会暂时接受它的分子。这是怎么回事呢?

让我们想象一下,你就是一个在上下班高峰时间等待地铁的电子。当列车到达车站时,它已经载有相当多的其他电子。现在很明显,作为一个带负电荷的电子,你不想坐上这辆挤满了许多其他电子的列车。这列车上的每个电子都带有负电荷,火车上充满负能量(负负相斥)。但是当车门打开时,一个穿着制服、戴着白手套的男人把你推到车厢里。(这在一些城市的高峰时刻的确发生过。)穿制服的人就像光的粒子,把你推到了一个充满其他电子的你不想去的环境中。列车中塞满了电子,使得车厢充满了负电荷,但当列车朝着其他站一路往前开时,电子们被只有较少电子的地方吸引,开始跳离车厢。这样一来,它们开始工作,寻找更阳性的环境。类似的事情发生在微观尺度的反应中心里。但还有更有趣的事情发生。

最初电子被光粒子推出叶绿素分子而在反应中心留下一个"空穴",叶绿素分子现在携带正电荷。为了填补这个"空穴",叶绿素分子从附近的分子抓取电子。在有氧环境进化出的生物体(例如蓝绿藻、真核藻类和所有高等植物)中,电子来自膜一侧的特殊排列的四个锰原子。在将它们的电子捐赠给叶绿素之后,锰原子也需要填满它们的电子空穴。它们发现水就在附近,于是利用光子的能量,一个接一个地,从两个水分子中提取出四个电子。当水失去它的电子时,质子就会脱落,最终剩下的氧原子就自己去寻找电子。氧气非常渴望在自然界中找到电子,我们之所以把从另一个分子中提取电子的物质称为**氧化剂**,原因正在于此。在其他类型的光合作用反应中心中,电子源可能是臭鸡蛋气味的气体(硫化氢)或其他铁离子形式;也有一些情况中,它是碳水化合物(CH_2O)。无论如何,最终的结果是,所有的电子源都是生物体外的,所有电子的主要用途是制造糖。

无论来源是什么,反应结果总是沿一条路径发送电子,而沿另一条路径发送质子。正电荷的质子也可以用来做一些工作。它首先沉积在膜的一侧。该膜防止质子简单地转移到另一侧,其结果是,在膜的一侧相对于另一侧有许多带正电的质子。实际上,这是一个微型电池,可用于产生能量(ATP)。但是,质子如何能够执行双重任务:它们如何与电子重组产生氢(这一元素是形成有机物所必需的)? 让我们看看这一奇妙的微观装置是如何开展工作的。

回想一下,反应中心位于膜中,膜是质子和其他带电分子自由运动的障碍。当电子从水或硫化氢中被提取时,质子就形成了。质子集中在膜的一侧。膜是连续的薄片,像一个皮塔面包*,质子被困在"口袋"

---

* 这是一种起源于中东的美食,最大的特点在于烤的时候面团团会鼓起来,形成一个中空的面饼,与口袋相似,因而也被称为"口袋面包"。——译者

里。在阳光下工作几分钟后,光合反应中心可以在"口袋"中沉积比在外部环境中多 1000 倍以上的质子,这将导致膜一侧的正电荷比另外一侧多 1000 倍以上。质子通过偶联因子机器传递到膜的另一侧,转动微型马达并制造 ATP。这一过程发生在每一个光合生物中,是自然界电能的主要生物来源。

但是当质子通过偶联因子到达膜的另一侧时会发生什么? 它们遇到电子并与另一种被修饰的核酸结合。该分子有个"不幸"的名字:烟酰胺腺嘌呤二核苷酸磷酸(nicotinamide adenine dinucleotide phosphate)或简称 NADP。当质子和电子加入 NADP,分子还原为 NADPH。NADPH 的作用是在细胞中转运氢以使其用于制造有机物。这似乎是一个不必要的复杂过程,但如果一个细胞要制造自由氢,气体就会变得非常小,它可以很容易地逃离细胞。通过分离氢的两个组件,电子和质子,然后再把它们组装到一个大的分子如 NADP 上,细胞就可以捕获氢。在光合生物中,NADPH 中的氢原子最终被用来使二氧化碳(CO_2)转化为糖,而糖被大多数生活在地球上的生命用来制造能量。

发现这个过程需要很大的耐心和一些运气。在不裂解水的光合细菌中,反应中心的晶体结构是由三个德国生物化学家解析完成的,他们是米歇尔(Hartmut Michel)、戴森霍费尔(Johann Deisenhofer)、胡贝尔(Robert Huber)。他们的研究结果于 1985 年发表在英国杂志《自然》(Nature)上。该结果清楚地显示了,位于反应中心的由三个蛋白质组成的核如何与细菌叶绿素和其他分子形成纳米机器。他们在 1988 年获得了诺贝尔化学奖。几年后,另一个德国研究小组阐明了裂解水的反应中心的晶体结构,后来世界各地的其他几个小组也对之进行了阐释。我们可以看到这个机器的各个部分,但遗憾的是,我们还无法真正看到它们是如何工作的。X 射线分析看到的是快照而不是纳米机器工作的电影。人们捕捉的是在一个特定状态下的运作情况,却无法揭示实现其功能的机器运作的动态景象。虽然这种缺陷阻碍了对反应中心实际工作的完美理解,但在通往了解光能如何裂解水并产生氧气的道路上,我们已经向前迈出了一大步。

反应中心是特殊的:当它们工作时,可将纳米机器看成一个字面意义上的微观声光显示器。回想一下,光的能量将叶绿素分子从蛋白质复合体的供体侧推到受体侧。其结果是,在十亿分之一秒的时间内有一个带正电荷的分子和一个带负电荷的分子进入蛋白质支架,它们之间的距离只有一米的十亿分之一。正电荷吸引负电荷,因此,蛋白质支架由于电荷的吸引而稍微崩塌,而当这一过程确实发生时,压力波就产生了。压力波类似于双手拍手。每一次反应中心移动电子,它们都会发出一个微小的拍手声,一个可以被灵敏的麦克风探测到的声音。这种现象——我们称之为**光声效应**(photoacoustic effect)——是电话的发明者贝尔(Alexander Graham Bell)发现的。1880年他利用这一效应使光源产生声波并做了一个装置——光影电话——来传送声音。可谁知道这种效应也可以用来听光合生物的引擎传递电子冲击的声音?洛克菲勒大学的莫泽罗尔(David Mauzerall)、以色列巴伊兰大学的杜宾斯基(Zvy Dubinsky)以及我实验室的戈尔布诺夫(Maxim Gorbunov)是我的老同事和老朋友,我们一起合作,开发出了一个仪器来测量活细胞中的光合"设备"的声音。我们对声音的分析表明,约50%的光能在反应中心被转换为电能。

但是还有另一个信号显示光合反应中心是如何工作的。反应中心也改变了它们的荧光特性。当暴露于蓝光时,叶绿素开始发出红色荧光。当我们暴露于紫外线时,我们也能在DayGlo荧光涂料、我们的牙齿和一些很酷的T恤上看到荧光。但在光合生物中,当越来越多的反应中心工作时,红色荧光的强度会增加。简单地说,当藻类或叶子处于黑暗中,并暴露在蓝光下,释放出的红色荧光的强度就会迅速上升。这种现象在1931年由德国化学家考茨基(Hans Kautsky)和赫什(A. Hirsh)首次报道,他们是用肉眼观察到这个效果的。在接下来的70年中,这种现象被证明可以是一个定量的方法,可以用来确定反应中心做了多少工作。因此,现在世界各地都用精密仪器来测量多少光在光合生物中转换成了有用的能量。我也研究了多年,用这种方法来了解全世界海洋的光合能量转换效率。事实上,这些能探测荧光的仪器,就是我带到黑海去寻找海洋光合反应的工具。

自然界中有许多其他的纳米机器,我不想在此评论它们。我更希望对"引擎盖"下的短暂一瞥,能使大家对执行细胞功能所需的关键组分留下初步印象。所有细胞都有类似的蛋白质合成机器。所有细胞都有一些基于偶联因子合成 ATP 的基本能量转导机器。所有细胞都有从氢载体获取和释放电子及质子的结构。所有细胞都在膜上产生电场以生产或消耗 ATP。最后,地球上几乎所有的细胞最终都依赖于光合生物,光合生物将太阳能转化为产生电子和质子流的电场,使所有的生命(包括我们)成为可能。

我们可以看到,在最早的微生物中进化的纳米机器,在整棵生命之树的所有细胞中发挥功能。当看到古代微生物的纳米机器在当代活体细胞中依然保持功能时,我们可能会留下这样的印象:微生物穿越亿万年、亘古不变。但这不是事实。当我们回过头去研究古代世界的微生物时,我们会发现它们也会随着时间的推移而进化。

第一种光合微生物是厌氧的——它们不能裂解水。裂解水的能力是微生物经过几亿年的进化才获得的。水是地球表面上氢的理想来源,因为它比其他任何潜在的电子供体都要丰富得多,但裂解水需要大量的能量。负责光合作用的纳米机器只在原核生物**蓝细菌**或蓝绿藻中有一次进化。当这些生物最终能够裂解水时,它们产生了一种新的气态废物产品:氧气。氧气的生物生产永久地改变了地球上的生命进化的过程。

第五章

充满超级燃料的引擎

氧气在地球的大气中出现是绝无仅有的。到目前为止,在我们太阳系的其他星球上尚未发现高浓度的氧气,在邻近我们星系的行星上也未发现。尽管在一些类地行星上很可能发现氧气,但它似乎不是类地行星上常见的气体。

氧气的聚积是地球演化史上最关键的转变之一。氧气在生命演化了很长时间后出现,但是地球如何使氧气进入它的大气层却很难说清。如果有关氧气的历史是一本书的话,微生物中能产生氧气的纳米机器的进化将是其中的一个章节。尽管如此,它们本身产生的氧气却并不足以使氧气成为地球大气的主要成分。地球的氧化与偶然事件和机遇有很大关系。正如我们很快就会看到的,氧气成为地球的主要气体是由于地球的地质结构和掩埋在岩石中的死亡的微生物"遗体"。一旦氧气出现在大气中,它就对微生物本身的进化以及维持生命的各种成分的循环产生了深远的影响。

氧气如何被发现的过程揭示了这种气体的一个重要特性:它有助于燃烧。人们很早就知道在空气中有一些成分能够使火焰燃烧。在18世纪和19世纪,空气的这种特性被用来测定氧气。最初,德裔瑞典药剂师舍勒(Carl Scheele)在 1772 年发现了氧气的存在。说起来,舍勒发现氧气的过程是令人拍案叫绝的,完全是靠运气和他不凡的洞察力。他曾加热一个玻璃钟罩里的氧化锰,观察到反应产生的一种东西能够使木炭粉迅速燃烧。他又用氧化镁重复这个实验并得到了同样的结果。他并不知道氧化锰或氧化镁是什么,对他来说它们仅仅是绿色的和红色的物质。但是,令他迷惑不解的是,当它们被加热时,会产生一种看不见的物质,这种物质能使木炭燃烧。他把这种物质称为"火气"(fire air)并详细记录了它的特性。因为舍勒不是一个受过正规教育的学者,对于自己的发现,他直到三年后才写出了一篇科学论文。因此,知道他实验的人并不多。

1774 年,英国的普里斯特利(Joseph Priestley)独立做了一个与舍勒的实验类似的实验,他用一个放大镜把阳光聚焦在氧化汞上加热。我们并不清楚普里斯特利是不是知道舍勒的实验,但结果是相同的。他没有用木炭粉,而是在玻璃钟罩里放了一支蜡烛。蜡烛比仅仅放在只有空气的钟罩里的蜡烛燃烧得更亮,燃烧的时间也更长。另外,普里斯特利还证明,如果一只老鼠暴露在这种气体中,会活得更长些。(显然,亲爱的读者们不应该去重复普里斯特利的实验,因为汞的烟气是有毒的。)普里斯特利也不知道这种气体到底是什么,但他知道植物能够产生这种看不见的气体,他称之为"脱燃素气体",根据当时的理论,物质之所以可以燃烧,是因为其中含有一种看不见的物质——燃素。普里斯特利曾把一小枝薄荷放在钟罩里,然后把钟罩放在窗台上,用一个放大镜把日光聚焦在密闭的钟罩上,过一段时间,里面的蜡烛会重新燃起来。如果没有薄荷,蜡烛是不会燃起来的。那么这种无色、无味的物质到底是什么呢?

1774 年晚些时候,普里斯特利拜访了拉瓦锡(Antoine Lavoisier),拉瓦锡是一个法国贵族、化学家兼税收员,他在巴黎有一个很棒的实验室。在晚宴上,普里斯特利向他讲述了自己的实验,他当时可能喝了不少的酒。拉瓦锡对此十分感兴趣,他重复了普里斯特利的实验,并通过制造出氧气的人,但他采用了另一种更有趣更缜密的方法。

拉瓦锡对这种自然现象有着比普里斯特利更深刻的理解,他认为化学反应产生了某些东西,接着也失掉了一些东西。这个想法虽然过于简单,但是意义深远,它形成了所谓定量分析化学的基础。尽管这并不是化学的创始,但是它开创了一个通过严密的实验来证实某个假说的方法。拉瓦锡非常富有,他花钱请法国最好的仪器制造者制造出了当时世界上最棒的仪器设备。其中就有极其精密的天平,这些精益求精制造出来的天平简直可以与精美的珠宝相媲美,它们可以测量出质量四十万分之一的变化。这种精确度在当时是可遇而不可求的。拉瓦锡因此受益匪浅,在每次给氧化汞加热前,他都要仔细称重,这使他能够确定在反应过程中失去了多少物质。接着他又做了一个相反的实验:他把汞在空气中加热,让它产生氧化汞,然后称量反应后的物质而不是原材料,结果表明烧瓶中的空气失去了一些量。他又用磷重复这项实验来产生磷酸。拉瓦锡再次证实加热氧化汞产生的气体是水的组成成分,地球的大气主要是由氮气和这种新物质构成的,他把这种新物质称为氧气(oxygen)——"酸的创造者"*。拉瓦锡是分析化学之父,他发现了很多新的物质。在法国大革命时期,他因为皇帝税务官的身份,被押上了断头台,享年50岁。

拉瓦锡不明白氧气是怎样进入大气的。它有可能是由于太阳光照射在含有氧化汞或类似物质的岩石上而产生的,但这种说法看起来并不靠谱,因为暴露在太阳光下的岩石并没有分解。另外,把氧化汞放置在玻璃钟罩里或者简单地暴露在阳光下,什么也不会发生。只有把材料加热到相当高的温度时才能得到氧气。

1779年,在英国的一家实验室——普里斯特利早些时候曾在那儿

---

* Oxygen 一词中,词根 oxy 来自希腊语,意为酸(acid),词根 gen 意为出生、创造(creation)。——译者

工作过 5 年——工作的荷兰医生英根豪斯(Jan Ingenhousz)观察到,水生植物暴露在阳光下时,它们的绿叶子上会产生气泡,但是如果把它们一直放在阴暗处,则不会出现这种现象。经过艰苦地收集,他得到了足够的这种来自气泡的气体,它们可以使无焰燃烧的蜡烛燃起火苗。英根豪斯发现植物可以制造氧气,但是不论是他还是拉瓦锡都不知道,这些氧气来自于水。

现在就连小孩子都知道植物能够产生我们赖以呼吸的氧气,但是我们大多数人不会进一步追究氧气产生的过程。化石记录表明,地球上的陆生植物仅存在了 4.5 亿年。如果说地球至少已有 45.5 亿岁,那么 4.5 亿年前地球上难道没有氧气吗?

正像我在前面所讲的,在陆生植物崛起前的数十亿年,微生物就已经进化出了一个复杂的纳米机器,它具有凭借太阳的能量裂解水的能力。然而,我们竟一直对微生物何时具有这种能力一无所知,这不能不让人觉得有点奇怪。现存的能进行光合作用生产氧气的一类原核微生物是蓝细菌。

蓝细菌的进化至今仍是一个未解之谜。蓝细菌相互间都有着密切的亲缘关系,是唯一能够生成绿色色素,即叶绿素 a 的原核生物,所有可以产生氧气的生物都用叶绿素 a 来裂解水。可能最有意思的是,蓝细菌是唯一有两个不同光合反应中心的光合原核生物。其中一个反应中心与紫色非硫光合细菌(purple nonsulfur photosynthetic bacterium)中发现的反应中心有非常密切的关系,但是紫色非硫光合细菌不能利用太阳的能量裂解水,因此不能产生氧气。它们利用光能将氢气分解成质子与电子,然后制造出糖。另一类型的反应中心来自光合绿硫细菌(photosynthetic green sulfur bacterium),我在黑海上层水域的深层部分研究的就是这种细菌。这些光合绿硫细菌也是既不能裂解水,也不能制造氧气;它们利用光能分解硫化氢。紫色非硫光合细菌和绿硫细菌都对氧气很敏感,如果暴露在空气中,它们的光合能力就会丧失。不知什么缘故,来自两个截然不同的微生物的反应中心竟然在同一个原核生物中出现。虽然不知道个中原因,但是一定与两个不同微生物种类间发生的一系列的基因交换有关。

最终,拥有两个不同的反应中心的这个嵌合体形成了新生的蓝细菌,并且经历了不断的进化与调节。含有四价锰原子的蛋白质分子加入了来自紫细菌的反应中心,这个中心于是变成了可以裂解水的反应中心。随着时间的推移,新的细胞改进了色素系统而合成出叶绿素,使之能够使用更高能量水平的光来裂解水。来自绿硫细菌的第二个反应中心也发生了改变,这一改良后的纳米机器能够在有氧气的条件下发挥作用。这个新的结构,由具有捕获能力的纳米机器构成,其成分十分复杂,包含了100多个蛋白质分子和其他一系列成分构成的两个反应中心。

让我们回到电子作为列车乘客的比喻。在第一个反应中心时,光最终驱动来自水中的氢元素的电子通过了一个一个的中途站。当这些电子到达第二个反应中心时,它们再一次被光能强行推进了一辆塞得满满的列车,接下来列车又经过了一系列的中途站,直到电子最终到达目的地。目的地是被称为铁氧化还原蛋白的一个很小的、古老的分子,它含有铁硫复合物,类似于黄铁矿(愚人金)。在那里经过一种酶的帮助,电子最后遇到了它的质子伙伴,形成了 NADPH(还原型辅酶Ⅱ)。回过头来说,NADPH 是氢的载体,而 NADPH 中的氢可以用来将二氧化碳转化为有机物。这一整个能量转化机器需要大约 150 个基因,它是自然界最复杂的能量转导机器。

这种机器,有一段时间也被称为产氧光合作用装置,在地球漫长的历史中只进化过一次。因为氧气的产生对世界的影响如此深刻,我在加州理工学院的朋友和同事基尔施维克(Joe Kirschvink)竟异想天开地称蓝细菌为"微生物界的布尔什维克"——对地球进行革命的有机体,但其影响的时间长度和深度远远超过了俄国革命。

这些微生物界的布尔什维克有各种各样的形状和大小,从非常非常小的**超微型浮游生物**(picoplankton)到相当大的细胞都有,前者直径大约500纳米,以至于用传统的光学显微镜都无法看到,后者连接在一起形成链,用肉眼就能很容易地分辨出来。在当代的海洋中在任何特定的时间都可测定1 000 000 000 000 000 000 000 000(10^{24})个蓝细菌细胞的存在。尽管它们的数量可观,但在化石中不可能有这么小的细胞的记录。即使是最大的蓝细菌,它们那简单的细胞壁也很容易分解掉,因此不足为怪的是,这些有机体的早期化石记录少之又少并且存在争议。

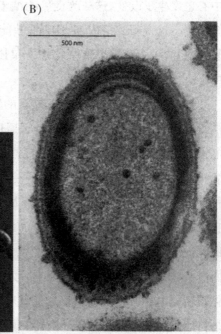

图17 (A)形成长链状的蓝细菌(*Anabaena* sp.)的光学显微镜图。[图片由塔东(Arnaud Taton)和戈尔登(James Golden)提供](B)单个蓝细菌(原绿球藻,*Prochlorococcus*)细胞的超薄切片的透射电镜图。细胞的直径大约为1微米,包含多个锚定有光合作用器件(见图16)和偶联因子(见图14、15)的膜系。与真核藻类(见图9)不同的是,它们拥有无封闭膜的细胞器。[图片由汤普森(Luke Thompson)、尼基·沃森(Nicki Watson)和奇斯霍姆(Penny Chisholm)提供]

在 20 世纪 50 年代,威斯康星大学的泰勒(Stanley Tyler)和哈佛大
学的巴洪(Elso Barghoorn)对于古代岩石中的微化石产生了极大的兴
趣,他们在加拿大安大略省西部的冈弗林特组(Gunflint Formation)地
层中发现了蓝细菌的存在。巴洪和他的学生绍普夫(William Schopf)、
诺尔(Andrew Knoll)、奥拉米克(Stanley Awramik)在南非和西澳大利亚
州最古老的地层序列中寻找化石。巴洪指派他的学生绍普夫研究来自
西澳大利亚州的样本,结果绍普夫在化石中发现了大量从未报道过的
蓝细菌。在 20 世纪 90 年代,已成为加州大学洛杉矶分校教授的绍普
夫报告说,一种类似链状结构的蓝细菌化石存在于西南澳大利亚州的
岩石中,这些岩石是 35 亿年前形成的。如果这个报道是真实可信的,
那么这个证据表明有能力产生氧气的微生物确确实实是非常古老的。
然而目前发现的动物生命体在化石中的记录却远远晚于上述时间,大
约是 5.8 亿年前。这么说在蓝细菌(能产生氧气的微生物)的进化和
动物的崛起之间真的存在一个 30 亿年的空白吗? 如果真是这样,为什
么呢?

　　绍普夫的工作得到了普遍的认可,他发表了很多篇这方面的论文
并附有令人瞩目的化石照片,照片中蓝细菌的结构与在现代湖泊中发
现的蓝细菌很相似。然而,在本世纪初,英国牛津大学的古生物学家布
拉西尔(Martin Brasier)再次检验了绍普夫存放在伦敦自然博物馆里的
岩石,并得出结论:绍普夫所发现的化石是赝品。布拉西尔坚持说,绍
普夫所谓的细胞链根本不是微生物细胞的化石,而是来自地热泉的微

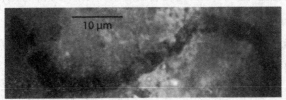

　　图 18　南非加莫翰组(Gamohaan Formation)中蓝细菌
　　链(见图 17A)的微生物化石(约 25 亿年前)照片。(图
　　片由加州大学洛杉矶分校的绍普夫提供)

小矿物沉积,它们形成的结构看上去很像细胞。持不同观点的两大阵营的争辩没完没了,对最古老的蓝细菌化石存在时间的问题没有形成统一的意见,但可以肯定的是,这些微生物在大约 24 亿年前的大氧化事件(Great Oxidation Event)发生之前就已经存在了。

为了避开有关微生物的自然结构在岩石中的保存问题,专门从事岩石化学研究的化学家们(地球化学家)采取了另外的方法。在很多情况下,有机体虽然死了,但是它们尸体的残留物作为化学标志物保存在了岩石中。事实上,我们凭直觉就可以知道这个事实,石油和煤不就是死亡很久的有机体的遗留物吗? 1936 年,德国化学家特赖布斯(Alfred Treibs)证实化石燃料是有机体的尸体形成的,他证明石油中包含有只能来源于植物的叶绿素分子的成分。实际上,很多从事化石中化学标志物成分分析的人开始将他们的事业转向为石油公司研究石油的有机成分。

尽管沉积岩中有其他分子的踪迹,但是大多数化学标志物都是脂质(脂肪和油脂),即不溶于水的分子。例如,当动物,也包括我们人类死后,化学标志物之一就是胆固醇——动物细胞膜中的一种分子,植物和原核微生物(如蓝细菌)中没有发现这种分子。然而,原核微生物制造了一套与胆固醇类似的分子——**藿烷类化合物**(hopanoid),这种化合物是原核微生物细胞膜的一部分。当原核微生物死了以后,微生物细胞膜中的藿烷类化合物有时候还会在岩石中保存几十亿年。事实上,有时我们也可以说藿烷类化合物是数量最多的自然地存在于地球中的有机分子。

蓝细菌产生一类特殊的藿烷,其降解产物在不经受特别的高温高压的条件下可以在岩石中长久保存。这些藿烷分子在格陵兰岛西南部的伊苏瓦组中并不存在,但是在 1999 年,在麻省理工学院工作的澳大利亚地球化学家萨门斯(Roger Summons)和他的同事在西澳大利亚州皮尔巴拉克拉通地区的 27 亿年前的岩石中发现了现代蓝细菌的藿烷降解产物。虽然还有争议,但这些岩石中的分子证据表明蓝细菌的起源不晚于 27 亿年前。但是,脂质分析仍然受到了质疑。有人认为,这些生物标志物可能是在取样钻探过程中来自石油的污染物。事实上,这一领域似乎一直在原地转圈。关于 35 亿年前存在微生物化石的证据被有保留地接受,至于那时是否有蓝细菌存在尚不清楚。但是很清楚的是,在地球演化的前 40 亿年中没有动物出现。如果动物生存需要氧气,而蓝细菌的进化是氧气存在的必要条件,那么我们要关心的问题是:蓝细菌产生的氧气在何时对地球大气的组成有了显著的影响?一个较为可信的时间段是在 24 亿—23 亿年前,但是相关的证据还有疑问。

自然界中的硫元素有 4 种稳定同位素,它们在岩石中的分布提供了过去 35 亿年中地球大气何时氧化的证据。硫的同位素中,较轻的同位素(含有较少的中子)要比较重的同位素振动得快,正是因为此原因,较轻的同位素和邻近的原子碰撞得更多而更易于和其他元素形成化学键。在 2000 年时,法夸尔(James Farquhar)、鲍惠铭和蒂门斯(Mark Thiemens)等人利用质谱仪发现:沉积岩中硫元素的同位素具有很不寻常的规律。在 24 亿年前的岩石(包括从澳大利亚发现的含有蓝细菌的生物标志物——霍烷的岩石)中,硫同位素的组成随意,其质谱没有规律。但是,从 24 亿年前到现在,同位素的组成和元素中的中子数目相关。也就是说,其组成可以基于质量来预测:带有较多中子的较重的硫元素,在岩石中比较轻的硫元素的丰度低。在 24 亿年前一定发生了什么事,这件事改变了硫同位素形成化学键的方式。但是这能告诉我们什么和氧有关的故事?

在岩石中的硫大多数来源于火山中的二氧化硫(SO_2)气体。二氧化硫是无色、有刺激性气味的气体,造纸厂用含硫的混合物来处理纸浆,你在距离造纸厂几英里外的地方都可以闻到二氧化硫气体的味道。打开二氧化硫中的化学键需要来自太阳的高能紫外线。当紫外线致使化学键断裂时,不会区分同位素。在紫外线作用下分解的产物保留了如原始物质一样的同位素比例。

虽然对人眼来说,紫外辐射是不可见的,但它会对皮肤造成灼伤,当暴露在大剂量紫外辐射下,皮肤细胞会产生突变,甚至诱发癌症。虽然在现代世界中,来自太阳的紫外辐射有些能够到达地球表面,但大部分被大气层高处的平流层中的另外一种气体大量吸收。这种气体就是臭氧,由三个氧原子组成。目前唯一了解的产生平流层臭氧的机制就是大气中需存在一些游离氧。

岩石中硫同位素分布的变化可以由24亿年前平流层中臭氧的形成来解释。而这一解释需要以下论点的支持:蓝细菌产氧光合作用最终带来了大气中氧浓度的升高。硫同位素分布的变化清晰地记录了地球演化的关键转折点:早于24亿年前,大气中几乎没有游离氧;在此之后,游离氧开始出现。地质学家颇有诗意地(或者有些戏剧化地)将之称为大氧化事件。这个"事件"持续了1亿年或者更长的时间,是地球演化历史上绝无仅有的一个过渡期。我们可以得出的结论是:在24亿年前至今的岩石记录中,硫同位素的分馏与其质量有关;而在早于24亿年前的阶段中,其分馏与质量无关。对硫同位素分布变化的解释暗示,氧从24亿年前开始成为地球大气的组成部分。在大氧化转折点出现后氧的浓度很低,可能不到现在大气中氧浓度的1%,不足以支持动物的进化。

具有光合作用的纳米机器的进化还不足以使地球大气充满氧气。要想提升氧气浓度,拥有光合作用能力的大量微生物就必须死亡和矿化。千百万年来光合微生物的死亡为生命的进化铺平了道路。我们来看看这个悖论:为什么产氧细胞的死亡是氧气浓度提升的必要条件?

考虑一下我们此刻正在呼吸的氧气吧。大气中的氧浓度在我们的有生之年以及我们先祖生活的时代都未曾改变。氧气占大气的21%,这一数值在过去的千百万年中都没有变,我们是如何得知这一点的?对来自南极冰层的冰芯样本中的气泡包含的大气成分进行精确测量的结果表明,过去的80万年中,大气中的氧含量基本稳定。在这段时间内,地球上所有的藻类和植物通过光合作用产生的氧气与动物和微生物通过呼吸作用消耗的氧气基本持平。要改变大气中氧的浓度,必须有某些东西去破坏光合作用和呼吸作用之间的平衡。

在 24 亿年前,地球上没有植物和动物,事实上,只有微生物。当时地球上的生命只存在于海洋和其他水体环境中。光合蓝细菌携带的产生氧气的纳米机器并不是为了产生氧气而出现的。氧气是光合作用的副产品。微生物将水裂解而产生氢气,进而利用氢气来产生有机物。可将氧气看作水氧化后的产物,同时,可将有机物看作还原后的二氧化碳和氮气。有机物存储能量,但同时也可以用于合成糖类、脂类、氨基酸和核酸;也就是说,有机体利用有机物制造另一个细胞。为了简单起见,我将细胞合成的有机物称为细胞物质(cell stuff)。从效果上来看,光合作用将水中的氢转移到二氧化碳和氮气中而形成了细胞物质,细胞累积这些物质后最终促成了细胞的复制。在呼吸作用中,生物体在没有太阳光时利用有机物来产生能量和繁殖形成新的细胞。呼吸作用将有机碳中的氢夺走交还给氧而形成二氧化碳和水作为副产品。我们对着冰冷的玻璃哈气时看到水的凝结,这是对呼吸作用的直观感受。我们的呼吸作用将来自食物的氢加入到吸入的氧气中而形成水。实质上,我们的地球运作着一个循环,通过光合作用将水裂解形成氧,同时又通过呼吸作用消耗氧而生成水。

要想在大气中累积足够的氧气,光合微生物产生的一些细胞物质必须不被微生物的呼吸作用消耗掉。就像为了把糖果藏起来,你必须找到一个儿童不会发现糖果的地方,将其束之高阁,而地球上这样的地方就是岩石。岩石中的有机物很难为微生物的呼吸作用所用——微生物并非没有尝试过。

一小部分浮游的光合微生物(包括蓝细菌)沉降到了海底。最终到达海底的浮游生物的比例和海洋的深度有关:水体越深,到达海底的比例越小。在现代海洋中,几乎没有有机碳在深度超过 1000 米的水体中能到达海底,也就是说,现代深海不会存储有机碳。迄今为止,有机碳的最重要的存储地位于浅海和大陆架。即使在这些地方,浮游生物合成的有机物也平均只有少于1%的部分能沉降到海底,并且只有其中的1%才有可能被埋藏在沉积物中。也就是说,只有不到0.01%的有机物被埋藏。然而经过千百万年的持续沉积,这一小部分有机物在全球范围内也变得十分可观。来自死亡有机体的细胞物质和沉积物混合,当较新的沉积物覆盖在较老的沉积物上,这些死亡微生物正在分解的部分被压缩、加热,最终变成了沉积岩的一部分。沉积岩来自陆地上被侵蚀的其他岩石。一部分携带着有机物的沉积岩随后在造山运动中隆起,出露地表。如果没有被埋藏在岩石中,有机物会被微生物的呼吸作用消耗,氧气几乎不可能累积。如果有机物没有被抬升至地表,它也会随着板块运动向下俯冲进入地球内部,在被加热后以火山喷发出的二氧化碳的形式回到大气中,在这样的情况下,氧气也几乎不可能累积。因此,只有保存在大陆岩层中的有机物慢慢累积,大气中的氧气浓度才能慢慢升高。这很耗时,但是如果没有这样的过程,我们现在就不会有可供呼吸的氧气。

关于大氧化事件的有趣问题是:为何花了如此长的时间大氧化事件才发生?如果蓝细菌中这些可以裂解水的极其精巧的纳米机器恰好在24亿年前出现,那么它们将在随后的1亿年或更短的时间内改变地球。然而,正如化石记录显示的,如果这种纳米机器在更早的时候就进化出来了,那么为何地球大气中的氧气累积到显著的程度花了几亿年甚至更长的时间?这个问题的答案并不容易理解,且迄今为止所有的解释都充满了矛盾。

我一直在思考,为何蓝细菌的进化和地球上氧浓度的提升之间相隔了数亿年,可能是由于25亿年前氧气和古海洋中的铁、硫发生的反应。氧是地壳中最丰富的元素,但不是游离的气体。氧非常活跃且难以单独存在,非常容易与众多的金属和其他元素发生反应。如果将一颗铁钉放在通气良好的水中,只需几天就会出现锈蚀,形成铁的氧化物。30亿年前,海洋中含有大量溶解的铁,在光合作用机器出现后的随后的几千万年中,氧化铁在许多地方沉积。铁和氧的反应在没有生

图19 形成于1.85亿年前的黑色页岩截面图。这个时期(早侏罗世)见证了海洋中非常高的生产力以及随后沉积物中的碳埋藏。[图片由斯古特布鲁格(Bas van de Schootbrugge)提供]

物学过程的干扰下进行了大约20亿年。无论有没有微生物的存在,铁在有氧气和水的情况下就会生锈。虽然铁的锈蚀过程会消耗氧,但是通过计算可以知道这并不能将大气中氧浓度的升高时间延迟数亿年。除此之外,一定还有其他的原因。

氧气的出现为微生物进化出新的代谢途径提供了机遇,而这样的机遇使得一些元素的分布和丰度发生了变化,特别是硫和氮。在氧气产生前,海洋中的硫是以臭鸡蛋味的硫化氢的形式存在的,它们持续不断地从**海底热液喷口**释放出来。从喷口流出的高温热液有300℃,并且带有大量的铁和硫。热液冷却后形成了"愚人金"(黄铁矿)烟囱体。在有氧气存在的情况下,一些微生物进化出了新的纳米机器,这些纳米机器可以将硫化氢中的氢用于固定二氧化碳并合成有机物。氧出现后,从火山喷发出来的富含电子的热液、气体与缺乏电子的氧气以及海水中其他的分子形成了氧化还原电势梯度。氧化还原电势梯度是演化出新代谢能力的驱动力。与在黑海中发现的光合绿硫细菌不同,海底热液喷口的硫氧化菌可以在没有太阳光的情况下利用硫化氢中的氢。这些微生物中的碳固定装置在实质上和蓝细菌中的相似,但此类被称为**化能自养**(chemoautotrophy)的新颖的代谢方式可以使碳固定在大洋深处没有阳光的地方进行,这只是因为氧气是由蓝细菌在数千米以上的海洋上部透光区进行光合作用产生的。

基本的概念是,如果氢直接和氧结合,正如水中发生的那样,则需要相当多的能量才能将其中的氢去除。生物可以用于将氢去除的唯一能量来源是太阳光。硫化氢中的氢相对于水中的氢更容易被去除,前者只需后者十分之一的能量。但是在氧存在时,硫会被微生物转化为硫酸盐,即1个硫原子和4个氧原子结合。

微生物氧化硫化氢是解释氧气浓度提升滞后的原因吗?曾经有一段时间,我认为这是可能的。但是一旦我们对古代海洋中硫的来源有一些了解并做一些简单的计算,就不能下这样的结论。氧气浓度的升高将氧化所有的铁,并把硫变为硫酸盐,但是这肯定花不了3亿年或更长的时间来使大气中的氧气升高到足够的浓度。一定有什么地方出错了。又一次，黑海中的一些实验提供了线索。

在黑海水体中的某些地方是缺氧区，并富含硫化氢。我花了好几年时间才理解黑海的化学组成如何反映出地球的化学组成以及氧浓度升高的问题。即使黑海中的深层水区的水年龄为 1500 年，从表层的富氧水到深层水之间有一个微生物代谢的转换带，从中仿佛可以追溯到大氧化事件的时代。

地球上最丰富的气体是氮气（N_2），它处于化学上最稳定的状态。氮气中的两个原子之间有三个化学键。和氧气不同，氮气是惰性的。如果地球上只有氮气，走廊中张贴的报纸就永远不会发黄分解，铁不会生锈，蜡烛也不能燃烧。如果没有氢和氮的结合，地球上的生命将不复存在，因为微生物离开了氢和氮将不能合成氨基酸和核酸。幸运的是，微生物能将氢和氮结合，但这会消耗不少能量。

我意识到完全依赖于微生物代谢的氮循环的运作方式与硫循环非常类似。氮是合成细胞所需的蛋白质和其他关键分子所必需的。但是要想将氮引入细胞内部，生物体只能吸收环境中的氮离子或将大气中的氮进行化学改造。在氧出现前的更早阶段，有些微生物在固氮酶这一复杂的、极其古老的纳米机器的作用下，能将氢加入大气中的或溶解于水中的氮气中。反应的产物是铵（NH_4^+），也就是 1 个氮原子结合 4 个氢原子。在没有氧气时，铵非常稳定。一旦有氧存在，微生物进化出了另外一套机器，这套机器能将铵中的氢夺走，并且无须使用太阳光而将这些氢用于固定二氧化碳合成有机物。和它们的深海同行一样，这些微生物也是化能自养的微生物。它们能利用富含电子的铵和缺少电子的氧气之间的氧化还原电势来生长。这些铵氧化微生物在环境中没有氧气时无法生存。它们的代谢产物是氮的氧化物，特别是硝酸盐（NO_3^-），其中 1 个氮原子结合了 3 个氧原子。和硫元素的情形一样，在没有氧气时微生物可以利用硝酸盐进行厌氧呼吸；但是，硝酸盐呼吸的产物不是铵，而是氮气。

让我们观察一下黑海中氮元素的化学组成,很明显的是,在上层富含氧的水体中,硝酸盐很丰富但是没有铵。然而,在深处的水体中,没有氧气,硫化氢丰富,铵成了氮被固定的唯一的形态。我停下来仔细思考黑海水体中的氧和硫化氢的垂直分布。在氧气更加稀少同时硫化氢也几乎不存在的位置上,几乎不会形成硝酸盐和铵,微生物也不能在此生存。蓝细菌在早期的海洋中产生的氧气对其他微生物在呼吸过程中利用氮的氧化物是有帮助的,但是和硫循环不同,呼吸反应的产物不是离子,如硫酸根,而是两种气体,并且回到了大气中。完全由微生物驱动的氮循环使地球上氧气的出现延迟了很长的一段时间。事实上,我和罗格斯大学的同事戈弗雷(Linda Godfrey)一起提出,距离大氧化事件至少3亿年前,蓝细菌就开始产生氧气,最终被其他微生物用于将铵氧化为硝酸盐,再变为氮气,结果造成了海洋中氮元素的流失。如果不能固氮,浮游生物就不能形成大量的细胞物质,有机碳也很难形成。如果有机碳很难形成,它就不能被埋藏。如果有机碳不能被埋藏,氧气就

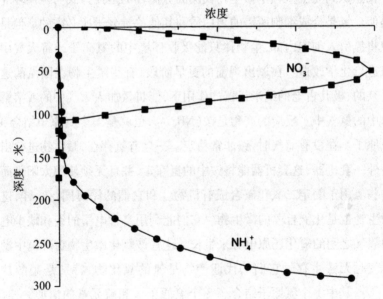

图20 黑海中两种形式的氮——硝酸盐(NO_3^-)和铵(NH_4^+)的垂直分布。请注意当氧气低至趋于零时(见图1),这些氮的化合物同样变得非常稀少。

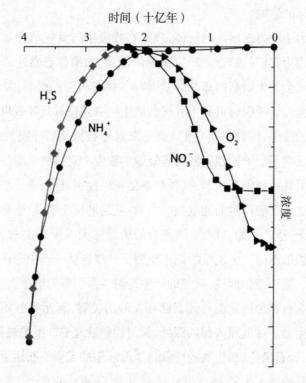

图 21 把氧气、氮气和硫化氢的垂直分布图侧放时,我们能够想象在大氧化事件(约 24 亿年前)之前以及大气和海洋产氧发生之后,海洋中的化学成分如何变化的过程。

不能在大气中累积。事实上,看起来早期海洋中的整个微生物系统都被自然的反馈局限于厌氧的环境中。生命几乎肯定是在厌氧条件下进化的,微生物代谢似乎使地球历史的一半时间都保持在厌氧的状态。在某个时候,氮气和一氧化二氮(N_2O,或称为笑气)产生了。这两种气体大约在 24 亿年前从海洋中逸出,蓝细菌产生的氧气最终超过了其他微生物消耗的氧气,导致了大气被氧化。也许不可思议的是,我们其实并不太确定它是如何发生的。

地球(包括大气中的氧)的演化是亿万年来进化出来的纳米机器利用太阳能将水裂解的结果。同时,氧的出现也对这些微生物本身产生了深远的影响。

作为一种高度活性的气体,氧气在呼吸中与氢气结合是美妙但危险的。因为它们的结合会产生大量的能量,如果你点燃这两种气体的混合物就会发生剧烈的爆炸。这两种气体是火箭的燃料,氧气属于高能量的世界。呼吸时可利用氧气的微生物必须仅对其呼吸机器作出相对较小的改进,以确保当它们与氢(来自细胞物质的呼吸)结合时,氢与氧的反应不至于剧烈到使细胞烧毁的程度。对这种反应的控制需要进化出另外一种纳米机器,这种机器能精确控制电子、质子最终与氧的结合。这种反应产生的能量是巨大的,从这种反应中,微生物每呼吸一个糖分子,所产生的 ATP 比用古老的厌氧呼吸系统产生的 ATP 多 18倍。我们细胞内产生能量的纳米机器——线粒体——中也在发生同样的故事。毫不夸张地说,氧气的产生是对生命引擎的增压。

纳米机器的进化也是元素循环发展的关键,而元素循环延续了地球上的生命。在地球内部的深处,放射性元素衰变产生的热量,通过火山喷发、岩石风化、微生物的埋藏将生命所需的元素不断地更新。这样的过程从地球诞生的45.5 亿年前就开始了,未来的几十亿年也将继续如此。然而,微生物纳米机器的进化和后来出现的氧气浓度的跃升改变了地球上元素循环的方式。确切地说,微生物纳米机器的进化使地球上的生物通过内部呼吸装置连接为一个巨大的电路。这个巨大的电路主要是基于氢的传递和生命必需的6 种元素中的碳、氮、氧、硫元素的循环。

生物之间代谢的关联需要一些"导线",海洋和大气就是地球上的两种主要导线。我们静坐不动也可以想象这是如何工作的。

深吸一口气。你刚刚吸入的氧气并不是在你所在的房间内产生的。门外没有手持巨型放大镜将太阳能聚焦到金属氧化物上的巨人,我们也没有随身携带藻类植物的培养物。我们在冬天也能呼吸到氧气,即使我们的身边没有植物在进行光合作用。我们呼吸的氧气可能来自百万年前,来自远方,这是大气对我们的馈赠。在很久以前,一些植物和浮游植物在地球的某些地方产生了供你我现在呼吸的氧气。这些好心的"陌生人"提供了我们生活的必需品,而我们的呼吸产生了二氧化碳和水——一种高度稀释的苏打水(苏打水也是普里斯特利发明的)。我们呼出的二氧化碳被植物和浮游植物利用,以产生更多的植物和浮游植物。

海洋也是地球生物代谢的交汇之处。洋流把含氮的氧化物带到海洋表面,浮游植物利用它们产生新的细胞,其中的一些会沉降到深海,成为大洋深处的微生物和其他类型的生命的食物和能量来源。因为海洋是一个巨大的在全球范围内循环的相互连接的水体,深层水也能从大气中获得氧气。海洋中的两个主要区域——格陵兰附近的北大西洋和南大洋,在各自的冬天会形成非常冷的海水。冷水的密度大,易于下沉;水在4℃时密度最大。水越冷,它能吸收的氧气就越多。冷的、密度大的、富含氧气的水将海洋各处的气体带入一条缓慢的**传送带**,这条传送带从大西洋出发,经印度洋,再穿过太平洋后回到原处。完成这样一个循环需要上千年的时间。这条洋流传送带使得大洋深处的微生物可以基于数百万年前在很远很远的地方产生的氧气,利用硫化物或铵来固碳。当氧气最终变得可以获得并和硫、氮、碳的生物学循环相偶联,它可能也对地球气候的主要变化和第一次生物大灭绝负有责任。

有强有力的证据表明,在大氧化事件发生2亿年后,在地球某些地方形成了大规模的冰川,并持续了大约3亿年。这是地球历史上时间最长、覆盖范围最大的一次冰期。冰在陆地和海上都出现了,甚至可能覆盖了赤道附近的大洋,地球变成了雪球。是什么原因引发了如此巨大的气候变化?

造成此次气候突变的一个可能的原因是大气中氧气的累积。在地球内部被放射性元素衰变产生的能量加热的同时,地表也因阳光的照射而被加热。太阳辐射最终会被反射回太空,但其中的一部分会被地球的大气层拦截下来。当代大气中吸收热量的主要气体是水蒸气和二氧化碳。事实上,如果没有这些温室气体吸收热量,海洋就会结冰。在

24亿年前,气候条件更极端,当时太阳的亮度比现在昏暗25%左右,这意味着太阳释放的热量比现在少。要使海洋的表面不结冰,温室气体必须非常丰富,并且非常善于吸收太阳能,尤其是红外辐射——红外辐射是一种能量,我们的肉眼看不见但是皮肤可以感知;红外辐射即为热。吸收红外辐射最有效的气体之一是甲烷。

在今天,甲烷是一种占比较小的温室气体,但是在24亿年前,它却是高丰度的。甲烷是一种非常简单的气体:含有1个碳原子和4个氢原子(CH_4)。甲烷在有氧的情况下能充分燃烧,这意味着甲烷的化学键中蕴藏着大量的能量。甲烷是某些微生物在厌氧条件下的呼吸产物。也就是说,如果没有氧气,一些微生物能利用一种特殊的纳米机器将糖和其他有机分子中的氢与二氧化碳结合而形成甲烷。这些微生物就是古菌——沃斯和福克斯发现的原核生物中的第二个主要类群。产甲烷菌中的纳米机器对氧非常敏感,微量的氧气就能阻止甲烷的产生。产甲烷菌在今天十分常见,比如牛和其他反刍动物的内脏中,以及40%的人的肠道中均有产甲烷菌存在。但是在24亿年前,这些微生物在全球的近岸水体中是大量存在的。

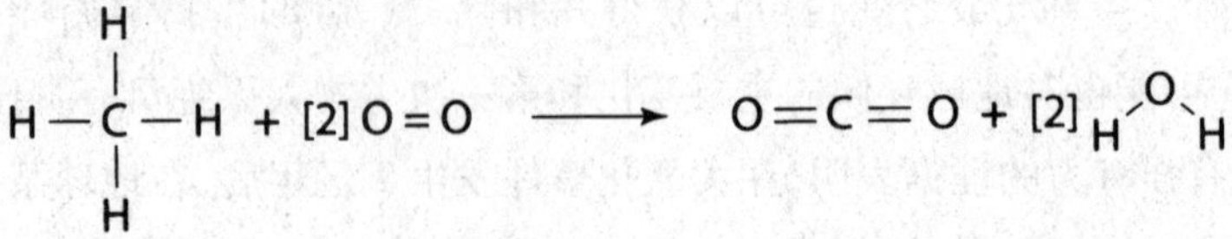

$$H-\underset{\underset{H}{\overset{\overset{H}{|}}{|}}{C}-H + [2]O=O \longrightarrow O=C=O + [2]\underset{H}{\overset{O}{}}H$$

图22 甲烷(CH_4)和二氧化碳(CO_2)的区别示意图。这两种分子都是无色无味的气体。在氧气存在时,微生物可以将甲烷转化为大气中的二氧化碳和水。

即使在有氧时,一些其他类型的微生物仍能将甲烷用作能量来源并用于细胞生长。微生物对甲烷的消耗是使这种气体消失的最快速有效的方法之一。一旦进化出这种能力,这一摧毁甲烷的装置必定会极大地减少从海洋到大气的甲烷通量,同时大气中的氧气在光照条件下也能去除大气中的甲烷。一种重要的能吸收红外辐射的温室气体就这样消失了,年轻虚弱的太阳无法提供足够的热量来阻止海洋结冰。海洋表面冰层的形成使光合浮游微生物的生活范围缩小,同时阻隔了大洋和大气之间的气体交换。地质记录显示了多次气候寒冷、冰川广泛发育的时期,连海洋也相继"沦陷"。基尔施维克曾经将蓝细菌比作微生物世界的布尔什维克,他又异想天开地将这些时期的地球称为"雪球地球"(snowball Earth)。如果这个场景是真的,这将是地质历史上微生物第一次完全破坏了地球的气候。

"雪球地球"可能出现了若干次,最近的一次是在大约 7.5 亿年前。毫无疑问的是,在这些时候,只有少数存活下来的微生物保留了如何合成所有基本的纳米机器的指令信息。这些生命体是拓荒者,它们在足以毁灭整个行星的灾难中延续了生命的希望。

第六章

保护关键的生命基因

地球上的生命处于不安定的环境中，必然会转瞬即逝，但事实上却令人难以置信的长久。完全超出生命承受能力的灾难不时发生，带来了大规模的物种灭绝。过去 5.5 亿年的化石记录显示，海洋动物至少经历过 5 次大灭绝。除了其中 1 次，其他 4 次的原因都难以理解。作为例外的那次生命大灭绝发生在 6500 万年前，几乎可以肯定与击中了墨西哥尤卡坦海岸附近的巨大陨石有关。对恐龙和很多植物来说这是非常糟糕的一天。但是，微生物在这次大灭绝中幸存，就像在其他各次大灭绝中幸免于难一样。自然是如何确保制造核心纳米机器的指令能在杀死大量动物和植物的灾难中保持完好的？

复制核心纳米机器的指令由基因编码。基因是 4 个不同的脱氧核糖核酸分子形成的序列，所有的生物都用它们作为制造蛋白质的指令。在原核生物(譬如细菌)中，几百万脱氧核糖核酸分子堆积在一起形成一个大的环形的分子，存储了制造几千个不同蛋白质的指令。蛋白质是由 20 种不同的氨基酸分子按一定的顺序堆积形成的。地球上所有活着的生物都有这 20 种制造蛋白质的氨基酸分子。

每一个特定的氨基酸由 3 个脱氧核糖核酸分子按特定排列的序列

编码,蛋白质则由古老的纳米机器——核糖体——来合成。蛋白质本身也被用来制造纳米机器,这些纳米机器使得生物可以产生能量并复制。细胞的复制取决于基因的复制,而基因的复制又取决于生物产生能量、存活和生长的能力。

奥地利神父孟德尔(Gregor Mendel)通过研究 29 000 株豌豆的花和种子的颜色模式、豆荚的形状等发现了遗传信息的基本规律。在达尔文的《物种起源》出版 6 年后,孟德尔的研究工作于 1865 年在德国发表。很显然,达尔文不知道基因的存在。事实上,孟德尔的研究成果一直被忽视,直到 20 世纪早期,创造了"遗传学"一词的英国生物学家贝特森(William Bateson)才重新发现了孟德尔的研究成果并使其焕发出生机。贝特森对遗传信息如何代代相传一无所知。但是,基于孟德尔的研究工作,他意识到,在交配产生的后代中存在着基本的、可以预测的模式。直到 20 世纪下半叶,人们才发现核酸携带着合成蛋白质和支配遗传模式的指令。

达尔文惊异地发现在物种中天然存在的变异可以通过育种来选择。例如,人类明显利用了狗中天然存在的变异来选育新性状。如果人类可以选育狗、马或鸽子,大自然一定也可以。在那个时代,关于物种的清晰定义是:就动物和植物而言,物种是这样一种生物,它通过有性生殖可以产生同样有繁殖能力的后代。鸽子之间的交配能产生有繁殖能力的后代,但是鸽子和老鹰的后代即使可存活也无法继续繁殖。公驴和母马交配的后代是没有生育能力的骡子。鸽子和老鹰、驴和马都是不同的物种。

物种的变异在达尔文看来是物种内的竞争选择的,带来的变化是新物种最终不能和该物种最亲近的祖先物种形成可生长发育的后代。关于伴随着变异的遗传、选择及物种形成的观点构成了达尔文进化论的理论基础。从亲代到子代的基因传递属于**垂直**遗传的概念。在主要通过有性重组进行复制的生物中,基因的传递就是这样的。但是在微生物中,绝大部分时间里,垂直的基因传递不是唯一的方式。在深入探讨微生物的进化和纳米机器的传递之前，让我们先看看为何存在物种的变异。因为如果没有物种的变异，也就不会有我们所知道的进化。

时不时地，在基因复制的过程中，细胞会出个错，基因的拷贝版本和原始版本之间会产生微小的差异。就像和尚抄写经书一样，错误几乎总是复制核酸序列时发生的"拼写"错误。DNA 中有 4 种核苷酸分子：腺嘌呤、鸟嘌呤、胞嘧啶和胸腺嘧啶，分别简写为 A、G、C、T。DNA 有两条链，如果一条链上是 T，另外一条链上就是 A。如果一条链上是 C，另外一条链上就是 G。但是在过量的紫外线照射下，有较高的概率发生错配，比如辐射的能量可能使得 T 并未与 A 配对而是和互补链上的 T 配对。这种错配除非被修复，否则将代代相传。

很多其他类型的单核苷酸突变也会发生，大多数这样的错误不会从根本上改变细胞生长和复制的能力。像我们在先前讨论的一样，这些被称为中性突变的错误能带来变异，但是还不足以给生物体带来优势或劣势。蓝色眼睛或棕色眼睛、卷发或直发、大鼻子或小鼻子，这些变异对人类的繁殖几乎没有影响，因为这都是遗传上的小"错误"带来的群体上的变异。根据定义，中性突变就是此类不会影响生物体复制和繁育后代的突变，这些突变可以代代相传。

但是，有些突变是有害的。许多单核苷酸突变会给人类带来严重的后果，有些情况下是致命的疾病，如囊性纤维化、血友病和泰—萨克斯病。这些情况中，突变基因的携带者难以活到生育后代的那一天或不能生育后代。同样地，在微生物中，如果单核苷酸突变或**点**突变的后果是使细胞合成蛋白质、呼吸或有效合成 ATP 的能力丧失，这将不可避免地导致该生物死亡或灭绝，这些突变是不可遗传的。

除了点突变外还有其他类型的复制错误。有时候生物体会错误地将一些基因复制多次，这被称为**串联重复**（tandem repeat）——它会使得被复制的一组蛋白质连接在一起。这一基因复制的过程就像不能被分开的暹罗人孪生体的分子版本。在另外一些例子中，某些基因的片段被错误地插入其他基因的中间或末端，带来的后果是蛋白质长度发生改变。但是如果细胞的核心机器照常工作,这些编码新蛋白质的基因可能会被保留下来。在许多情况下,这样的突变产生了具有新功能的基因。

在所有的生物体中,所有的基因都会不时地出现错误,有时候这些错误是有利的。如果某个错误使得生物体在获取能量或拓展生存范围上占据优势,并且仍然可以繁殖后代,那么可以认为它带来了**选择优势**(selective advantage)。许多基因看起来通过突变表现出了极大的多样性。也就是说,如果这些十分不同的基因是有利的或者至少不是有害的,它们都能一代一代地遗传下来。

在复制中发生的这些随机的错误造就了基因的巨大多样性,并且绝大部分的变化都存在于微生物群体中。据估算,在任意的时刻,地球上微生物的数量大约为 1 000 000 000 000 000 000 000 000(即 10^{24})个。自我复制的有机体的数目是惊人的。从某个角度来看,现在存活的微生物数目大约是宇宙中所有星辰数目的 10 万倍。每个微生物含有大约 1 万个基因。人类通过基因测序和信息学分析,识别了自然界中的 2500 多万个基因,并且每年增加的基因数以百万计。我们实际上并不知道地球上有多少个基因,因为基因也是随时变化的。评估基因的总体数量就像试图计算每天降落到地球上的雨滴数目。一个可能的有关基因数目的预测范围是 6000 万—1 亿个基因。

在人类识别的基因中,大约 40% 的基因的功能未知。这些基因在生物体中存在意味着它们是有功能的,只是我们不知道而已。其他 60% 的基因的功能可以通过与已知其功能的基因的序列相似性而推测出来。在经典的达尔文选择中,每个基因都可能随机发生突变,以便能更有效地获取资源和复制。但是,事实上并非一定如此。

所有的基因并不是天生一样的。虽然大多数基因会缓慢地发生变异且在不同生物中有所区别,但是那些编码关键纳米机器的高度特化成分的基因几乎不会改变。例如,在光合生物中,构成光合作用装置的核心结构的许多蛋白质必须协调一致地工作,也必须和其他细胞结构结合来保持正确的位置和指向，否则的话，这一装置就不会起作用。构成光合作用装置的核心结构的每一个蛋白质都由一个特殊的基因编码。经仔细的研究发现，无论是古老的产氧蓝细菌还是后来的植物，光合作用相关的基因都几乎完全一样。事实上，所有产氧光合生物的光合反应中心中裂解水的主要蛋白质 D1 的序列相似性高达 86%。这并不是说负责合成 D1 的基因在复制时不会出现错误，而是说非常微小的错误往往会给遗传了突变基因的生物带来致命的后果。复制光合作用装置的核心结构的基因编码缺乏变异向我们暗示：这些蛋白质的精确合成对这些部件高度紧密的契合是必需的；否则光合作用装置将不能很好地工作。

构成核心机器中结构组分的众多蛋白质同样只有小的变异。这些机器包括在呼吸、蛋白质合成、合成 ATP、固氮、产生甲烷等过程中起作用的机器。我推测在合成自然界中所有纳米机器的过程中只需要 1500 个核心基因。这些基因都可以在微生物中找到。我的估计可能有些保守，但是即使我们将这个数目扩大 10 倍，包含生命关键信息的基因也只占自然界中基因总数（6000 万—1 亿个）的 0.0015%—0.025%。剩下的 99.98% 的基因和特定生物的功能有关。这 99.98% 的基因中的绝大多数都是转瞬即逝的，它们可能会进化出新的功能，也可能消失，或者发生中性突变。但是，核心基因不能丢失或发生大的改变。一旦发生，灾难就会降临。除非迅速地进化出可以替代的核心机器，否则核心基因的丢失将使得地球上主要元素的循环过程中断。

因为细胞中这些核心纳米机器的组分的基因编码高度保守，我将其称为"凝固的代谢偶然事件"（frozen metabolic accidents）。虽然这些基因可能是为了其他目标或者是在极其不同的环境条件下进化出来的，但它们在一代又一代不同的微生物之间几乎毫无变化地传递着。它们并非完美无缺的机器，但是运作良好。自然界中也进化出了多种方案来保障这些编码核心机器的基因，即使那些机器并不完美。

关于自然界中的进化和优化常常存在这样的误解：千百万年来一

直在起作用的自然选择,应该能优化生命存在和复制的关键过程。让我们考察三个关键的纳米机器来检验这个说法。

所有产氧光合生物的光合反应中心的 D1 蛋白都是由不能裂解水的紫色非硫光合细菌中的相似蛋白质衍生而来的。在没有氧气的条件下,并且仅在没有氧气的条件下,紫色非硫细菌才能进行光合作用,但是它们利用氢或碳水化合物作为电子和质子的来源。在这些细菌中,原始的 D1 蛋白具有高度的稳定性。但是在所有产生氧气的光合生物中,D1 蛋白在接收大约 1 万个质子后就会被破坏。"破坏"意味着 D1 蛋白不仅仅失去了功能,事实上也开始降解。该蛋白质的有效寿命为30 分钟。

这一问题的解决方案是什么?不是重新设计(进化)出一个新版本的 D1 蛋白,而是在裂解水的光合生物中发展出精巧的修复机制。该修复系统能识别损坏的 D1 蛋白,将其从纳米机器中剔除并在出问题的地方换上一个新的蛋白质。这就好比在你开车旅行时带着一班技工,每当轮胎转动 1 万转时,技工们就要检测所有轮胎是否存在破损,并在汽车仍在行驶的时候更换损坏的轮胎。对 D1 蛋白而言,这种机制的进化耗费甚多。但是它确保了从紫色非硫细菌继承而来的旧装置可以在有氧气的新条件下运行。

对 D1 蛋白的破坏来自氧元素的某些形式,这些氧元素携带的电子要么缺损要么过多。这些所谓的活性氧类会使蛋白质受到极大的损伤,某些解除其毒性的酶因而进化出来。然而氧元素自身也是高活性的,特别是在有铁元素的纳米机器中。其中一种这类机器就是前文曾谈到过的固氮酶。和光合作用系统一样,固氮酶也是一类奇妙的戈德堡(Rube Goldberg)装置*,它包含两个大蛋白质,这两个蛋白质通过协作将电子并随后将质子运送给氮气。在没有氧气时,固氮酶能很好地

---

* 戈德堡装置指代那些精确而复杂的机器,它们以迂回曲折的方法去完成一些非常简单的工作。——译者

发挥功能;但在氧气存在时,固氮酶中的铁原子就会开始"生锈"并导致机器停止工作,从而整个系统不得不被替换。人们可能会以为,在地球上出现氧气后的几十亿年里,自然可能会找到允许固氮酶在有氧条件下运行的进化路径,或者进化出执行相同功能的不同类型的系统。但是这样的事情并没有发生。

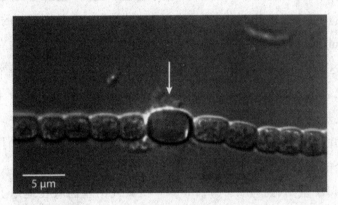

图 23　异形胞图像。在某些成链的蓝细菌中(见图 17A),当细胞开始将大气中的氮气(N_2)还原(固定)为铵(NH_4^+)时,它们会产生一种特殊的细胞——异形胞,在这种细胞中,产氧反应中心(光合系统 II)丢失了。用于氮固定的酶,即固氮酶,仅仅只在异形胞中存在,它在其中可免受氧气的伤害。这是最早发现的生物学中细胞分化的例子之一。(图片由塔东和戈尔登提供)

在固氮酶这个例子中,解决方案是物理分离氧气和固氮系统。在某些情况下,带有固氮酶的细胞被限制在厌氧环境中;而在其他的一些情况下,进化出了氧气比氮气略难于渗透的特殊细胞(由于这两种气体的分子大小几乎相同,所以要实现这一点是极其困难的)。还有一些情况下,细胞中的特殊代谢过程可以消耗氧气或用物理方式将氧气从固氮酶中除去。在当今的海洋中,30% 的固氮酶因为氧的存在而处于失活状态。它们就像废品旧货栈中的二手零件一样,是一笔巨大的资产,最终都可以被回收利用于制造新的纳米机器。

最后一个例子更使人困惑。这关系到一个非常古老的纳米机器:Rubisco(核酮糖-1,5-双磷酸羧化酶/加氧酶)。Rubisco 是产氧光合生物以及很多其他微生物(包括很多化能自养生物)中负责固定二氧化碳的蛋白质复合物。Rubisco 被认为是地球上最丰富的蛋白质,因为它虽然负责合成地球上大多数的细胞物质,却是一个效率很差的酶。

Rubisco 的构成并不复杂,但是它由一大套蛋白质组成:它有两个亚基,这两个亚基必须在一起工作。在正常工作时,Rubisco 将水中溶解的二氧化碳加入核酮糖双磷酸,产生两个完全一样的三碳分子。这可以说是地球上最重要的生化反应了。这是通过光合作用产生地球生命活动所需要的99%的有机物的过程。所有的动物,包括我们人类,都完全依赖于 Rubisco 才能生存。

和 D1 蛋白、固氮酶一样,Rubisco 在氧气出现前就在地球上出现了,同时它也在二氧化碳浓度高出现代大气中二氧化碳浓度若干倍的环境中进化。在那些条件下,Rubisco 运作得十分顺利。但是在有氧气时,Rubisco 常常将氧错认为二氧化碳,这很难想象,因为这两种分子具有完全不同的结构。不管怎样,如果它犯这样的错误,将氧整合进来后将得到无用的产物。在大多数植物中,发生这样的错误的概率为30%,这是对能量的巨大浪费。

雪上加霜的是,这一固碳的纳米机器的效率也很低。每个 Rubisco 分子每秒只能产出 5 次,比其他典型的光合细胞中的酶的效率差 100 倍。与细胞内的其他许多纳米机器相比,即使是最高效的、最新进化出来的 Rubisco,速度也非常慢。

有人可能会认为,从一个反应速度慢、效率低的系统出发,经过上亿年的突变和选择,有可能获得一个设计改良的新系统。遗憾的是,这显然并未发生。除了一些细枝末节的改变,细胞的主要应对办法就是大量合成 Rubisco。这对光合生物来说是一笔巨大的投资——需要投入大量的氮元素。如果不是用于弥补这些低效的负责固碳的纳米机器,这些氮可以提升细胞生长的速度。

鉴于这些纳米机器和其他许多核心机器的缺陷,人们不禁要思索,为何这些机器没有进化得更有效率?为何这些编码"凝固的代谢偶然事件"的基因不能进化出更高效的纳米机器?答案是显而易见的。在大多数情况下,这些纳米机器都由更小的功能单位组成,同时它们也是在运动的。整个复杂系统的运动和指向依赖于子系统。其中一个子系统中的细微变化不会影响整个系统的运行,但是如果一个子系统中的大的变化与其他子系统中的变化不同步,这就会造成系统的崩溃。实际上,大自然的解决方案和微软公司的办法类似。当微软首次开发出计算机的操作系统时,软件和硬件能很好地匹配。但是随着计算机硬件变得更加复杂,微软解决问题的办法是通过添加一个又一个代码来改进旧的软件,而不是重新设计一个全新的软件。与此类似,大自然将旧的分子机器回收并稍作修饰,或构建其他的一些辅助系统来使旧的分子机器适应新的环境,而不是重新设计一个全新的机器。从本质上说,大自然也是在向以前进化出来的系统添加新的"代码"。

虽然编码构成核心纳米机器的基因是高度保守的,但其他99.98%的基因却是高度可变的。也就是说,在进化进程中很多相距遥远的生物都具有这些核心机器。譬如,在很多细菌和不同类型的古菌(但是没有已知的真核生物)中都发现了固氮酶。同样地,Rubisco 在许多截然不同的生物中被发现。在细菌中最常见的一种 Rubisco 也在沟鞭藻类(dinoflagellates)中找到了,这是真核生物中唯一的例子。事实上,大多数核心机器在生命之树上的分布位置往往难以预测。

构建包括固氮酶、Rubisco 和其他许多核心基因在内的生命之树清楚地表明,达尔文的进化模型并不适用。难道达尔文的进化论是错误的吗?

在这个具有更快、更便宜、更高质量的测序技术和计算机系统的时代,我们已经分析了成千上万的微生物基因组。基因组中的基因构成分析显示许多基因不是垂直遗传的,也就是说,它们并非来源于上一

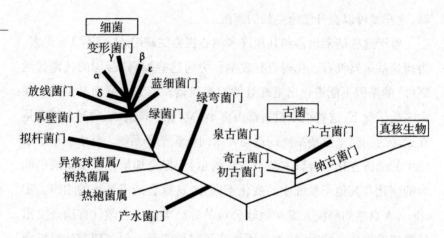

图24 固氮酶在生命之树上的分布。请注意,这种分布模式并不是所有后代都起源于一个共同的祖先,而是难以预测的。这些基因(和许多其他基因)都是通过细菌之间和细菌、古菌之间的基因水平转移而获得的。氮固定的相关基因在真核生物的基因组中并没有发现。[图片由博伊德(Eric Boyd)提供]

代。这种遗传模式被称为**水平**基因转移(horizontal/lateral gene transfer)。水平基因转移并不是生物学上的稀有之物,而是微生物进化中的主要模式。简而言之,在某个生物中通过选择而留下的基因可以不通过有性繁殖传递给其他完全没有亲缘关系的生物体。事实上,这是**量子进化**(quantum evolution)——一个完全没有固氮能力的生物可以通过从环境中获得固氮基因而马上获得固氮的能力。

水平基因转移不太可能是渐进的过程,成套的基因能在微生物的世界中游荡若干年。事实上,这个过程的发生迅速得令人惊讶。关于水平基因转移的首个例子是在日本发现的,当时人们认识到,病原菌可以很快获得对抗生素的耐药性,其速度远远快于用传统的垂直遗传可以解释的速度。基因测序时代到来后,很快就证实了抗生素抗性基因可以在整个微生物世界快速扩散。同时,人们也发现,在基因组中有太多的基因位置异常。研究者基于核糖体RNA序列的相似性推测,两种微生物在基因组的排列上应该高度一致,可实际上它们的排列却有差异。而且,很多基因看起来是随意地插入基因组的。一个或多个基因插入到完全不相干的基因附近的例子也并不少见。这些通过水平基因转移插入的基因经常来自毫不相干的生物体。

被转移的基因在其他生物体中预进化并被运送出来,就像毫不知情的条件下的器官移植一样,接受器官的人甚至都不知道他(她)失去了一个器官。这些基因可以发挥功能是被确认过的。它们在原始的宿主中千百万年来一直在发挥作用。如果偶然获得这些基因的受体并不需要这些基因,也可以将它们剔除。如果这些水平基因转移获得的基因可以为生物体带来新的功能,这些基因就会被使用。对微生物而言,环境就是一个全球遗传信息的采购中心。已经测试过功能的基因可以为任何需要的主顾所获取。每一个生物体,包括我们自己,都通过水平基因转移获得了基因。

这些基因是如何在微生物中传递的呢?

水平基因转移有三种方式,但是它们是如何工作的以及其中哪种方式可能更重要还不得而知。最容易描述的一种方式被称为**转化**,是在 20 世纪 40 年代早期被三位美国生物化学家发现的。这种方式极其简单——基因(或任何 DNA)可以简单地直接从环境中获取。只需要非常短的时间,新获得的基因就可以被整合到宿主中去并代代相传。这个过程在实验室是可行的(这个实验实际上证实了:遗传信息的载体是核酸而不是蛋白质),但在真实的环境中存在多少自由的 DNA 分子是不明确的。细胞不会简单地喷出 DNA——细胞必须死亡,并在死亡时将 DNA 完整地释放到环境中去。这将我们引向了水平基因转移的另一种可能的方式。

最显而易见的兜售外源基因的推销员是形形色色的病毒。许多病毒看起来就像超级小的富勒烯球体,其他的则看起来像缩微版的登月车。尽管它们的外形多种多样,但病毒并不是传统意义上的生命体。它们不和环境进行气体交换,也不能自己产生能量。最重要的是,它们不能依靠自己复制。它们没有 ATP 酶或核糖体,因此离开了宿主它们就不能合成蛋白质或其他任何物质。但是,它们可以携带包裹在蛋白质外壳内的遗传信息:DNA 或 RNA。地球上的病毒数目惊人。在海洋表层,每毫升海水里就有数以亿计的病毒,数目是细菌和其他微生物总和的 10 倍以上。

绝大多数病毒的特性未知。在某些情况下,特别是那些携带 RNA 的病毒,其遗传信息在快速地变化,描述这些病毒就像是一场微生物版的打地鼠游戏:上周你描述的病毒本周就变得面目全非了。即使你去年注射了流感疫苗,你也可能对今年的流感病毒没有免疫力。

病毒能转移基因吗? 原则上是可行的,但是大多数只能越过较短的进化距离。病毒吸附到宿主身上后将自己的遗传物质注入细胞,但

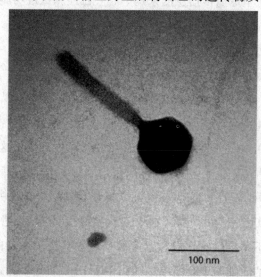

图 25　海洋病毒的显微图。病毒的遗传信息被包裹在头部,茎秆状结构用于吸附到宿主细胞(如细菌)表面。病毒将自身的遗传物质注入到宿主体内,并利用宿主的生命工厂生产更多的病毒。注意图中病毒颗粒的大小约为最小的蓝细菌(见图17B)的 1/10。[图片由布鲁姆(Jenn Brum)和沙利文(Matthew Sullivan)提供]

是它们对宿主有着严格的要求。它们通过宿主细胞表面的特定蛋白质来识别宿主，一旦它们发现了合适的宿主，就可以吸附宿主并将其DNA或RNA转移到宿主细胞内。当病毒的遗传物质整合到宿主中后，它们可以劫持宿主体内合成蛋白质和核酸的纳米机器，从而生成新的病毒。在某些情况下，病毒只是永远在宿主细胞内被复制——它成了宿主细胞基因组的一部分。对人类而言，这样的整合型病毒是一个糟糕透顶的坏消息。这些**非裂解性**病毒的两个例子是人类免疫缺陷病毒（HIV）和丙型肝炎病毒（hepatitis C），一旦它们感染了人体，几乎就不可能从基因组中去除了。

不过，在其他情况下，新插入的遗传信息允许新的病毒在宿主细胞内生长，直到它们的数量达到一个特定的阈值——然后宿主细胞被裂解，将新病毒释放到环境中去。这样的"劫掠者入侵体内"的桥段在微生物世界非常常见，往往导致许多微生物死于非命。这些**裂解性**病毒也可以感染人类，然而令人惊奇的是，它们并不像那些不彻底杀死细胞的病毒那样致命。这些裂解性病毒包括流感病毒。细胞裂解不能直接将基因转移到新的宿主中，但是能使宿主细胞的遗传物质喷出到环境中去，这些废弃的遗传物质将被环境中的微生物据为己有。

第三种水平基因转移的方式被称为**接合**（conjugation），两个微生物细胞之间相互吸附并形成DNA交换的桥梁。这个过程发生在亲缘关系较近的微生物之间。但是，现在还不清楚为何在亲缘关系较远的微生物之间也可以转移基因。

无论方式是什么，水平基因转移都使得对微生物追根溯源十分困难。更为重要的是，微生物中的种的概念也变得十分难以界定。

想象一下你想找到你的先祖。你可以找到自己的父母在哪儿出生，祖父母是谁，等等，但是想象一下30或50代以前，因为你的先祖吃了大量寿司，能消化海藻中碳水化合物的基因被插入到你们家族的肠道菌群中。现在你更好地适应了吃海藻。你的肠道微生物通过水平基因转移获得了来自另一种微生物的新基因。这种看似荒唐的场景事实上的确在发生。日本人的肠道微生物具有消化海藻的基因,而这些基因在高加索人的肠道微生物中就不存在。

海洋中许多病毒的基因组中都携带着 D1 蛋白的编码基因,这不是因为病毒进化出了可以进行光合作用的能力,而是因为 D1 蛋白的编码基因带有快速复制的信息。病毒只是利用这些信息在宿主体内快速地合成大量自己的遗传物质。但是经常可以看到,来自蓝细菌的 D1 基因在亲缘关系较远的生物中出现,这一定是通过病毒感染获得的。

在地球历史的早期,在动物和植物出现以前的很长一段时间里,微生物之间的水平基因转移是大部分地质时期传递基因的主要机制。这与特定生物体的特性并不相关,基因的混合事实上对生命并不重要。只要有机体携带着能使外部环境中的能量转化为热力学不平衡状态的信息并且细胞可以复制,生命就可以延续。

许多相距甚远的微生物之间的核心基因的混合有助于将这些信息在地球的不同地方保存下来。生命易逝,但是这 1500 个核心基因却不是如此。生命的这些核心基因就像在接力赛中传递的接力棒:在不同的地质年代中、在不同的有机体中直接传递。单一的个体会消亡,但是只要它们能将自己的核心基因传递到某处的其他有机体中,这些基因就将得以永生。

水平基因转移对动物和植物这些多细胞生物的早期进化十分重要,但是水平基因转移已不是当今世界生命进化的主要模式了。如果某些帮助你消化寿司的基因来自你遥远的先祖,并且这些基因进入了他们的精子或卵子中,你将非常容易获得这些来自微生物的基因。然而,这不是通过水平基因转移而是通过有性生殖。

有性生殖使得水平基因转移不再盛行。其他物种的基因通常不会进入我们的生殖细胞。有性生殖阻止了通过水平基因转移获得的基因进入生殖细胞,细胞通过有性生殖中的重组来产生新的生命。对大多数微生物而言,有性生殖并不是一个可选项。大多数时间里,微生物通过"简单的"细胞分裂复制自我,每一个新的细胞通常是母细胞的精确拷贝。有性生殖中两个亲本的基因混为一体,从而改变了这一点,使新的细胞中有了新的基因组合。虽然有性生殖提高了遗传多样性而成为动物和植物中占主导的繁殖方式,这个过程也不是一蹴而就的。在此之前,还有一个劫掠者入侵的阶段。真核生物的演化其实是一次大型的水平基因转移事件—— 一个完整的有机体侵入了另外一个有机体之中。欲知详情,且听下回分解。

第七章

细胞伴侣

　　微生物在面对潜在的大规模灾难性事件时普遍采取的方法就是将风险分摊,这是大自然守护生命的策略之一。通过水平基因转移,细胞接受了新的指令来操控体内的纳米机器。虽然水平基因转移是微生物进化的主要模式,但是这一过程的发生并非纯属偶然。其主要的推手之一就是微生物形成的生态共生联盟。这一联盟的形成不仅优化了环境中稀有营养物质的利用,还促进了生命的进化。

　　微生物不是孤立生存的,它们大多为**共生生物**,过着互相依靠的集体生活。更确切地说,微生物可以利用其他微生物的废弃物作为自己的食物以维持生计。这种"废物利用",或称"元素循环",是生态学上的基本理念之一。它深刻影响了微生物纳米机器的进化。微生物学家们花了很长的时间才领悟了微生物在全球范围内的互作关系,而正是这份领悟最终指引我们更好地了解地球上的生命进化。

　　几十年来,传统的微生物学研究方法是从环境中分离单个细胞,并试图将其纯培养。这些**克隆体**(clones)——通过单一母细胞繁殖建立的细胞群——是曾经的金标准,是确定某一特定生物为某一特定疾病致病元凶的四条科赫法则之一。这一研究方法自然有其价值所在。但是,单个微生物物种群体内的微小变化常常会导致其纯培养物在致病性上发生巨大变化。一个经典的例子就是由大肠杆菌引起的食物中毒。大肠杆菌是一种非常常见的细菌,在我们每个人的肠道中都存在,却能在特定的情况下引发食物中毒。

大肠杆菌可能是生物学上被研究得最多的生物。它非常容易生长,分布十分广泛。对微生物遗传学研究而言,它是模型中的模型。大肠杆菌可通过食物传播,其基因的微小变化可导致大规模的甚至有时非常严重的人类肠道感染,乃至死亡。在这种情况下,检查一个纯培养物的营养需求、生长速率、抗生素敏感性或耐药性等等都是非常重要的。随着基因测序的广泛应用,我们发现大肠杆菌的良性菌株能迅速转变成致病菌株。如果人类摄取这种大肠杆菌,就会引起严重的内出血。良性菌株是以接合

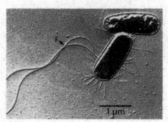

图26 大肠杆菌的电镜图。大肠杆菌可能是生物学上被研究得最多的微生物,它住在人类的肠道中。然而,致病菌株(和非致病菌株看起来一样)经常导致人类食物中毒。这一微生物有鞭毛,使其能在液体中游动。

的方式——微生物间的交配方式——通过水平基因转移从其他菌株中获得致病基因。在这种情况下,致病菌株通过"接合"良性菌株将自己的能诱发人类疾病的基因转移到良性菌株中。只需要极少量的基因即可使良性的大肠杆菌菌株成为致病菌株。大肠杆菌的致病菌株和良性菌株在大约400万年前就在基因上区别开了,可是作为人类研究得最为深入的微生物,我们直到有了基因测序技术才能明确区分这两者。如果只有通过纯培养和基因测序才能区分两株大肠杆菌,我们将要如何去理解身边复杂的微生物世界呢?

在海洋、土壤、岩石表面,甚至我们的肠道中,超过99%的接受过基因检测的微生物都无法在实验室得到纯培养。人们做了大量工作,尝试从海洋、土壤、海底热液喷口、人类口腔和肠道等环境中分离出各

种各样的微生物。有时候这些尝试是成功的,只需要用些小技巧就能培养出新的微生物;而更多的时候这些尝试是失败的。过去相当长一段时间,甚至到今天,人们还常常会认为,我们无法分离微生物并得到纯培养物是因为科学家根本不知道这些狡猾的家伙们的营养需求。培养一类特定的微生物都需要放多少糖? 什么类型的糖? 哪些氨基酸? 多少盐? 等等。这些营养物质的组合方式有无限多种,而人类无法预知微生物的饮食习惯。在实验室里,通常的目标是让尽可能多的微生物尽快地生长。因此,它们被给予了大量的糖、氨基酸,或任何能刺激这些有机体生长的物质。实验室的培养基中营养物质的浓度比现实世界中大多数情况下的浓度要高数千倍。除了极少数例外,糖、氨基酸和其他营养物在自然界中非常稀少,微生物需要消耗大量的能量才能获得它们。我们需要一个新的研究方法来认知微生物如何在现实世界生活。微生物生态学家实际上亦是研究微观生物间相互作用的社会学家。

自然界中的微生物往往通过形成群落(community)来降低获取养分的能耗。例如,一个有机体分泌的糖被另一个有机体消耗,糖的接受者则向群落中的其他有机体提供氨基酸。事实证明,微生物与我们人类大体类似,都是社会性生物。虽然它们缺乏复杂的行为活动,但是主要凭借其体内纳米机器的灵活性,它们可以创造出新型的代谢方式,从而应对其生存环境的变化。

微生物群落或**聚生体**(consortium)是微观的丛林,数十甚至数百种微生物生活在一个共同的栖息地。需要指出的是,严格界定微生物"物种"通常是很困难的。在传统的定义中,如果一组生物有性重组的后代仍保持发育和繁殖的能力,这一组生物可以被认为是同一物种。这种界定方法可应用于动物和植物,却很难适用于微生物。绝大多数微生物是难以界定性别的,水平基因转移的发生又使得微生物物种的概念更加似是而非。不管怎样,为了理解微生物聚生体的生物功能,我们还是应用"物种"这一概念来表述具有不同功能特别是不同代谢方式的微生物类别。想象一下,一个微生物物种向环境排放了一些分泌物或气体,被另一个物种接收并用来产能。然后第二个物种释放出自己的分泌物和气体,可循环给第一个物种或传递给其他物种。这样就产生了一个微观的微生物群落,这实际上是一个微型的生物电子交易集市。

微生物聚生体中的电子交易集市的概念并不是一个隐喻。聚生体中的微生物的确在彼此交换着气体和其他物质,而这些物质可能富含或缺乏电子。例如,甲烷和硫化氢这些富含电子的高度还原性分子可由一个聚生体中的多种微生物代谢产生并释放到环境中,进一步被其他微生物利用并释放诸如二氧化碳和硫酸盐这样的产物。这些物质或者在群落和外部环境间循环,或者在这个过程中丢失。我们并不清楚微生物聚生体可以保持稳定多久,可能是几天,也可能是几十年,甚至更长的时间;但是我们知道这些聚生体为了维持稳定必须遵循一些基本规则。

规则之一,聚生体中的任何一员都不能具有绝对的排他性。一旦这一规则被侵犯,聚生体就会崩塌。把其他物种排挤掉的"胜利者"将不再享有"送货上门"的营养来源,而不得不去很远的地方寻找稀缺的养分,即面临能量短缺。

这意味着这些家伙都是很好相处的吗?

微生物们爱好交际,也争强好胜。它们常常制造能杀死其他微生物的分子武器。事实上,我们用来对抗传染病的那些极其重要的抗生素大多是由微生物合成的分子武器。微生物往往只利用这些分子武器来防御入侵者,并不杀死聚生体联盟的内部成员。换句话说,聚生体内有一个君子协定,只有那些具有特定功能的特定成员才能加盟这个"餐饮俱乐部",而其他微生物则被排除在外。

我们可以很容易地检验这一假说。人类出生时在肠道内是没有任何微生物的。很快,我们从环境中获取了微生物。我们拥抱和吸吮母亲;我们吃生的食物;我们吃入一些污垢;我们甚至摄入些粪便。实际上，最先入住我们肠道的微生物之一就是大肠杆菌，我们希望它是一株良性菌。

随着时间的推移，我们每个人都开始在肠道里培育出一个独特的微生物园，甚至比我们自己的 DNA 序列更加独特。肠道里的微生物总数大约是我们人体细胞总数的 10 倍。肠道微生物聚生体不仅适应了个人的饮食习惯和生活环境，还对我们的身体健康有极其重要的影响。它帮助我们从食物中获取营养，帮助我们分解复杂的碳水化合物和脂肪，帮助我们制造维生素，帮助我们防止"坏"的致病微生物在体内生长。当你去国外旅行时因为喝了当地的自来水而生病时，是否想过这样一个问题：为什么原住民喝着同样的水却能幸存？事实上，这些幸存者们的肠道里早已驻扎了专门的细菌卫士，这些细菌卫士可以保护他们，使他们不会染上因饮用水污染而引发的疾病。而你和这些原住民的饮食习惯并不相同，因此你的肠道里缺乏这些卫士。如果你在这里生活久了，或者和他们一样是在这里出生的，你也会拥有这些微生物，否则你就会衰弱、死亡，或者至少很难顺利地生儿育女。

我们偶尔生病时，医生会开一两种抗生素。抗生素会杀死一些肠道细菌，因而常常会引发副作用——肠胃炎。这不仅仅是感到不舒服那么简单，抗生素会扰乱肠道微生物聚生体之间的相互作用。要花上很长时间，有时达数个月之久，这个聚生体才能恢复到与抗生素治疗前相同的状态。而对于一些人来说，即使一年后也难以恢复。一些敏感人群会在使用抗生素后相当长的一段时间对食物敏感，肠道微生物无法适应正常的饮食。我们体内的肠道微生物重约两千克，可将它们与人体之间的关系看作微生物对全球影响的一个缩影。

在微生物聚生体中，难免缺少一两个关键代谢途径以至于无法维持其中某个微生物小组的能量平衡。例如，某一个小组的微生物可能具有固氮能力，但是这个固氮的功能在氮源过剩的环境中并不被需要。某组微生物可能具有固碳能力，但碰巧碳源不是聚生体中的生长限制性因子。聚生体中往往有一个（但通常是多个）关键反应是缺乏的或者处于不平衡的状态,营养物质和气体的循环利用从来都不是完美的。微生物聚生体在不断地调整这一电子交易集市以保持自身的活力。

环境与微生物聚生体之间的净气体交换是可以量化的。例如,聚生体消耗或者产生氧气、二氧化碳、甲烷、二氧化硫、硫化氢、氮气等气体。通过检测聚生体与环境的气体交换,我们可以判断聚生体中有哪些微生物。虽然聚生体相对而言是独立的,但它们还是会将气体产物释放到外部环境中。大气或者大洋就像连接着全球微生物代谢的巨大导线。

我们还是以自己的肠道微生物为例来理解这个概念。不需要深入细节,我们都清楚自己体内的微生物聚生体并非处于平衡状态。除了用鼻子和嘴巴以外,我们还用另一种方式与外界进行气体交换,而这种方式的气体交换透露了很多信息,使我们能更好地了解体内的微生物。哺乳动物的肠道为厌氧环境,排放的气体几乎都是以氮气和二氧化碳为主的氧化性气体。当然也有个别还原性气体,比如硫化物,它很容易被闻到。另外两种没有气味的还原性气体是甲烷和氢气。我们大约有一半的人在大肠中有产甲烷的微生物,几乎所有的人都排放氢气。这两种气体是易燃的。我们肠道微生物产生的所有气体都是新陈代谢的副产物,与当地环境不是处于平衡状态。如果处于平衡状态,这些气体的组成应该和地球大气中的气体组成相似,但显然不是这样的。不仅是人类,所有动物肠道内微生物的代谢与地球自身的代谢都不是处在一个平衡点上。为了满足全球范围内微生物聚合体间的电子交换,一定要有一些全球性的制衡机制,科学家把这一机制称为"**反馈**"(feedback)。

除了少数例外,纯粹由自然过程引发的地球大气中的气体组成和浓度的变化是非常缓慢的,难以在数百年的时间尺度上被检测到。从湖泊到深海,遍布地球的数千亿个微生物聚生体联合在一起创造了一个稳定的大集市来互相交易电子,从而构成了地球的代谢系统。为了确保地球的代谢在缺少任何一个聚生体的情况下都能有效持续,大自然将地球代谢中每一个电子传递反应所需要的生物机器都有计划地分配了下去。只要某类微生物有获取某类资源的机会,它往往就被赋予了获取这类资源的能力。大自然的保险政策即通过投资全球的微生物电子避险基金来分摊风险。这一投资的基础在于微生物体内的纳米机器潜能无限,只要环境中存在能够作为电子源或者电子汇的分子,这一机器就能运行。

在微观尺度上,同一个聚生体内的生物间的物理距离非常近。这有助于大幅度提升水平基因转移的成功率。因此,聚生体内不同微生物的代谢能力可以通过基因转移的方式被统筹规划,这使得微生物间的电子传递得到严格控制。在全球范围内,无数纳米机器组合成了一个宏观的生命的引擎,控制了地球上关键气体的通量。

群落内的微生物通过释放和接收化学信号来交换信息,告诉彼此它们是谁、它们的数量、它们在做什么,从而形成了群落内部的一种控制方式。细胞间的信号传导系统被称为**群体感应**(quorum sensing),它是由特定分子进化而来的。微生物制造和使用这些分子来评估自己的种群密度,感应其他微生物是谁、它们在哪里。这种细胞间通讯的方式对我们来说相当神秘。我们只知道有些细胞释放出的特定分子游荡在环境中,直到它们附着到另一个微生物膜上的特定受体部位。就像香水公司想让所有的男人都能通过香水来感知女人,或者反过来。微生物产生信号分子就是为了让其他生物体感知自己是谁、自己在哪里。

一旦附着,信号分子就会通过改变细胞内的基因表达来发挥作用。群体感应使微生物聚生体建立了一个合理的空间构型,促进营养物质高效循环利用。同时也改变了微生物的行为。

在这一点上,人们可能会问,微生物也有"行为"? 答案是肯定的。它们没有大脑,但它们有感觉系统,其中一些系统可以相当复杂。它们可以感知来自环境和彼此的信号,将信号传递给受体,并触发响应。让我们研究一个例子,这件事导致了群体感应的发现。

群体感应是微生物涌现型社会性相互作用的一个例子。这是于1979 年由当时在斯克里普斯海洋研究所（Scripps Institute of Oceanography）工作的尼尔森（Ken Nealson）和他已故的曾在哈佛大学工作的好友黑斯廷斯（J. Woodland Hastings）偶然发现的。他们非常好奇生活在海洋鱼类发光器官中的发光细菌是如何工作的。在这些器官中，细菌的密度极高，每立方毫米 1000 亿个细胞。当从器官中分离出的微生物以低细胞密度纯培养生长时，它们不发光；然而，随着细胞的生长和种群密度的增加，菌落开始发光。尼尔森和黑斯廷斯知道细菌发光需要一组特定的基因。这些基因似乎在细胞低密度生长时关闭，而当细胞密度极高时开启。研究人员发现，打开基因的信号是细胞分泌的一种化学物质。当这种化学物质浓度足够高时，细胞就会发光。

随后，许多微生物学家开始研究群体感应。虽然还有很多未解之谜，我们也了解了一些基本原则。很显然，微生物利用化学信号来打开和关闭自己的种群以及其他微生物种群的各种功能。这些化学信号的产生预示着生物复杂度的增加，但并不一定需要进化出新的纳米机器。微生物间通过化学信号进行交流，这是调节聚生体内部不同微生物代谢的一个关键机制。但其他的事情也会发生。

一旦许多不同的生物如此亲近地生活在一起，就可能会有意想不到的后果。其中一个例子大约发生在 20 多亿年前。当一个微生物吞噬另一个微生物后，不仅保留了被吞噬的有机体的基因，也保留了被吞噬的有机体。这种大批量的水平基因转移被称为**内共生**（endosymbiosis），这是细胞内部的一种共生关系。或者更确切地说，这是一个细胞居住在另一个细胞内的共生关系。

最初的内共生的概念可以追溯到 1883 年德国科学家申佩尔的一篇论文。申佩尔是第一个详细描述叶绿体的人。他观察到植物细胞中的叶绿体以类似蓝细菌的方式分裂，逻辑推理认为叶绿体实际上是细胞内的蓝细菌。俄国植物学家梅勒什科夫斯基（Konstantin Mereschkowski）继承了申佩尔的理念。他研究了地衣，一种与光合微生物（通常是蓝细菌）和真菌共生的生命体。1905 年，梅勒什科夫斯基用俄语和德语发表了一篇论文《植物界色素细胞的性质和起源》。他认为叶绿体是植物细胞内部的共生体。他的工作在第一次世界大战和随后的俄国革命中被遗忘。原因倒不是这些战争，而是他的性丑闻。梅勒什科夫斯基被指控有恋童癖。1918 年他逃到法国，再到瑞士。他继续写关于共生的论文，并在 1921 年自杀身亡。他的工作一直未引起关注。

1927 年，美国科罗拉多大学医学院的生物学家沃林（Ivan Wallin）详细阐述了他关于内共生的基本理念：胞内体在被宿主吞噬前曾经是一个游离的活菌。他声称线粒体可以在宿主细胞外生长。后来证实沃林的线粒体样本被细菌污染，因此他的工作受到了质疑。

20 世纪 60 年代早期，内共生假说有了新的进展。研究者发现叶绿体和线粒体都含有与宿主细胞完全不同的 DNA 和核糖体。俄罗斯套娃式的细胞模型假说（matryoshka-doll model）得以快速发展。同时，我们也知道叶绿体和线粒体在宿主细胞外无法复制。沃斯和福克斯对叶绿体和线粒体的核糖体 RNA 序列进行深入分析，发现这两个细胞组织的祖先均为细菌。从而证实了申佩尔和沃林的假说：叶绿体与蓝细菌有关；而线粒体，有趣的是，与厌氧光合生物有关。

1967 年，经过对原始数据的重新解读，美国生物学家马古利斯（Lynn Margulis）复活了梅勒什科夫斯基的理论，使内共生的概念最终得到了广泛认可。她在随后的一系列论文和专著中对这个概念进行了论证。马古利斯是一位善于表达的科学家，也是我的好朋友。在她光辉的职业生涯中，她用绝大多数时间颂扬着内共生在地球生命进化上的推动作用。她说对了一半。

虽然内共生的现象比较普遍，但它很少导致新细胞器的产生。事实上，虽然目前为止只有线粒体和叶绿体这两个细胞器我们完全可以肯定是由内共生引起的，但是这两个细胞器的产生足以改变生命进化的历程。没有内共生，就没有我们的存在。这两个细胞器产生的过程都起始于海洋，比陆地上出现生命的迹象要早很久。其中化学信号传导起到了至关重要的作用。

真核生物的进化历程尚未完全明确。但是我们知道,作为宿主细胞的微生物是古菌,它和我们肠道内产生甲烷的微生物类似。在一种情况下,古菌吞噬的生物类似于现存的紫色非硫光合细菌。后者比蓝细菌更古老,且只有在环境中没有氧气时才能进行光合作用。在这样的条件下,它们利用光的能量在闭合循环中传递电子,并形成跨膜质子梯度。然后质子流经偶联因子形成 ATP。这和我们前面讨论过的纳米机器完全相同。

然而,在氧气的存在下电子传递会被抑制,细胞会失去合成能吸收光的色素的能力。为了生存,它们改变了自己内部的电子电路,允许氧气成为来源于有机物的氢的电子受体。这有点像《化身博士》中的人物,同样的细菌在厌氧条件下化身杰基尔博士(Dr. Jekyll)进行光合作用,在有氧条件下化身海德先生(Mr. Hyde)进行呼吸作用。只有在没有氧气存在的情况下,它可以利用太阳能向微生物世界贡献有机物。如果周围有氧气,细菌将转变为有机物的消耗者,它利用有机分子中的能量生长。换句话说,在有氧条件下非硫细菌就像我们及所有其他动物一样呼吸。动物在细胞内保留了"海德先生"——线粒体。

被吞噬的厌氧光合细菌是如何最终成为耗氧线粒体的?紫色光合细菌体内的纳米机器与我们人体内每个细胞中用于产能的纳米机器是完全一样的。这并非巧合,这是存在因果关系的。线粒体作为我们体内的供能系统,早在动物产生之前就从紫色非硫细菌那里继承来了。然而,被古菌吞噬并保留的厌氧紫色非硫微生物最初肯定不是一个供能系统,与现在的线粒体的功能不一样。相反,它可能是一个营养物陷阱,消耗宿主细胞排出的代谢产物。也就是说,共生的厌氧光合细胞器可能当初能够利用氨和磷酸盐这些本来会被排出宿主细胞而进入海洋的有机物。我认为自然选择营养共生关系的目的在于将营养物质保留在这一新型的单细胞聚生体内。

一个古菌宿主细胞将紫色非硫光合细菌吞噬并保留在体内,这一

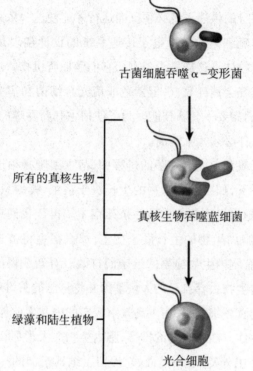

古菌细胞吞噬α–变形菌

所有的真核生物

真核生物吞噬蓝细菌

绿藻和陆生植物

光合细胞

图27 两个基本内共生事件导致真核细胞形成的示意图。在第一个事件中,宿主细胞(一种古菌)吞噬了一个可能具有光合作用能力的紫色非硫细菌。这种细菌后来进化成线粒体。在第二个事件中,含有原线粒体的细胞吞噬了蓝细菌。蓝细菌后来发展成为叶绿体。这两个主要的共生事件是微生物进化的基础,比如绿藻(图9)在动物和植物进化之前很久就在海洋中普遍存在了。

偶然事件最终导致了第一个真核细胞的产生。很久很久之后,多个游离生活的真核细胞形成了有组织的联盟,进化成为动物和植物。然而,作为线粒体前身的供能系统必须反向运行才能使这一系列的进化成为现实。紫色非硫细菌的整个电子传递系统的设计初衷是要产生有机物。现代的线粒体不这样做了,相反,它们消耗有机物。这一反向运行的电子传递系统会消耗氧气,但紫色非硫光合细菌和宿主细胞都不能制造氧气,它们需要一套新技能。为了使宿主和新吞噬的细胞都满意,这两个合作伙伴必须相互沟通。

在摄取厌氧紫色光合细菌的过程中,宿主细胞必须迅速掌控胞内生物。想象一下,如果胞内生物的生长快于宿主,哪怕只快一点点,那么几代之后,胞内生物就将撑破并杀死宿主。再让我们想象一下相反的情况,如果胞内生物的生长慢于宿主,那么宿主将被迫减慢生长速度,被那些没有胞内生物拖累的近亲们打败。对新获得的胞内生物的控制要求胞内生物丢弃自己的大量基因并将自己的关键基因转移给宿主。在现今的真核细胞里,宿主高效掌控它的内共生伙伴,形成了牢固的微生物聚生体。随着时间的推移,胞内生物失去了那么多的基因,它已经不能在宿主外复制了;然而,它保留了纳米机器的一些关键基因,用于产生能量和一些蛋白质。现在,在一个细胞内有了两个产生蛋白质的工厂。

在基因丢失和转移之前,细胞做了一些工作来确保一个蛋白质工厂不会把另一个搞垮。它需要两个细胞互相传递化学信号——我们至今无法完全理解这一过程。线粒体和宿主细胞核彼此之间传递化学信号。线粒体最终变得非常深奥复杂。它们可以打开和关闭宿主细胞核中的基因,扩增特定的途径,并改变宿主的行为。这个信号系统被赋予了**逆行信号**(retrograde signaling)这么一个不太好听的名字,其实这本质上与两个细胞——它们是曾经共享一室的细胞伴侣——之间的群体感应很相似。这是通向许多这类细胞(运作如独立单元)合作的进化的第一步。在这一进化完成之前,第二件内共生事件发生了。

第二个内共生大事件是已经包含了紫色光合细菌（原线粒体）的厌氧细胞收留了另一个房客。这一次是一个制造氧气的蓝细菌。这三者之间一定尝试过好多次组织协调才得以和平相处。几乎可以肯定的是，大部分的尝试都导致了厌氧紫色光合细菌的死亡。紫色光合细菌在其进化过程中几乎从未接触过大量的氧气，更别说是住在阳光一照就不断喷发的氧气口上。让我们梳理一下逻辑，看看这个微型的微生物园是如何诞生的。

蓝细菌的到来打破了古菌和紫色光合细菌原本惬意的生活。现在它们二者之一必须消耗掉蓝细菌产生的氧气。虽然要招纳新房客的并不是紫色光合细菌，但它现在却必须面对可能被共处一室的蓝细菌排氧杀死的危险。宿主的确很花心，可是它究竟为什么要杀死第一个内共生体呢？这第一个住进来的内共生体在尽职尽责做好营养物的循环利用工作呀！为了避免死亡和潜在的灭绝，紫色光合细菌不得不进化，想办法以某种方式消耗氧气。它发现氧气是很好的电子受体，可以接受来自有机物的电子。要执行这个过程需要进化出一个能够向氧气转移电子和质子的新型纳米机器，即细胞色素 c 氧化酶——这种纳米机器极其复杂，其组成部件的起源早于蓝细菌产氧事件的发生。它将细菌和古菌中简单的纳米机器部件回收，经过重新设计和组装构成了新型的复杂纳米机器。几乎可以肯定的是，细胞色素 c 氧化酶最初无法将电子加在氧气分子上；它可能是进化来清除细胞中的氧气的。现在典型的细胞色素 c 氧化酶包含多达 13 个蛋白质亚基，并使用铜来帮助其执行化学反应。这个纳米机器的进化彻底改变了世界。

氧气使细胞真正拥有了超强的动力。利用跨线粒体膜的电场，一个葡萄糖分子可以产生 36 个 ATP。细胞现在可以开动小马达转动鞭毛，从而拥有了高度的运动性。它们也可以开发新的代谢途径，利用氧气和能量合成复杂的脂质，如胆固醇，以及许多其他更复杂的分子。吞噬和被吞噬的生物将成为永久的细胞伴侣。

新的细胞伴侣生活在彼此制造的相互约束中，这对所有参与者都是有利可图的。为了使这台机器正常运行,细胞伴侣们必须相互合作。按照现在的编排,一个细胞体内有三套遗传信息系统:主人有一套,原线粒体有一套,新引进的蓝细菌(即将成为叶绿体)有一套。要使三者都顺利运作,确保任何一个内共生体与宿主都不互相拆台,细胞还需要一些改变,一些信号。

最初的改变之一是新吞并的蓝细菌必须丢弃大量基因,正如我们之前看到的紫色光合细菌被吞并时一样。蓝细菌保留了一些基因来制造关键蛋白质,尤其是那些构成光合反应中心纳米机器的蛋白质。但许多能导致它生长超过宿主的基因则被直接丢弃或者转移给宿主了。

促成真核细胞诞生的这两大内共生事件是大批量水平基因转移的代表性案例。它们的发生赋予了光合细胞新特性。新的叶绿体诞生在已经含有原线粒体的细胞中,进而演化出了形形色色的生命:从单个的藻类到高大的树木。无论是何种身材,所有的真核光合生物都在使用着完全相同的古老的纳米机器来产生能量,合成蛋白质,产生新的细胞。

最终,这些新生物将变得越来越复杂也越来越成功。事实上,大氧化事件后,真核细胞的化石越来越丰富。到进化出真核细胞为止,生命的核心纳米机器的研发基本完成。

进化史的其余部分与机体外形有关;也就是说,需要把纳米机器安置在什么形态的机体里。真核细胞可以自己组成聚生体并获得新的形状。它们在获取营养物的征途中比其原核细胞亲戚们游得更快更远。新的真核细胞也进化出了新颖的、更为复杂的通信系统,里面有无数的化学物质推动着细胞内和细胞间的信号传递,使群体感应更精密化了。这些通信系统将在接下来的15亿年中进化出复杂的多细胞聚生体的集成体——动物和后来出现的植物。

现在让我们来看看这些25亿年前从微生物中分化出来的纳米机器是如何在宏观的真核细胞聚生体中保留下来的。这些聚生体就是达尔文和我们都很熟悉的动物和植物。

第八章

仙境中的盛宴

　　微生物为什么要进化？它们是如何转变成我们日常生活中熟悉的动植物等有组织的宏观有机体的？这种进化上的转变要付出巨大的代价。动物和植物具有较慢的繁殖速率和更有限的代谢方式，它们对环境变化的适应能力远远低于微生物。然而，这些明显的缺陷并没有妨碍大型多细胞生物的进化。让我们来研究更复杂的，或者说"更高等"的生物的进化，看看它们如何组装这些 30 亿年前从微生物进化而来的小构件。

　　有两条独立的线索指示动物和植物起源的时间。第一条线索是物理化石。单细胞真核生物的化石被称为**疑源类**（acritarchs，这个词来源于希腊语，意思是"混乱的起源"），这类化石在大约 18 亿—15 亿年前大量存在。它们的细胞壁由类似于纤维素的分子组成，刺等外部特征与一些现存单细胞真核生物（如鞭毛藻类）的休眠孢子类似。虽然一些疑源类可能在当时已经形成多细胞群体，但真正的多细胞动物或植物的明确证据一直到很久之后才出现。

　　多细胞动物的化石记录似乎是突然冒出来的。达尔文意识到，在威尔士最深的（也是最古老的）寒武纪序列岩石中出现的大量动物化

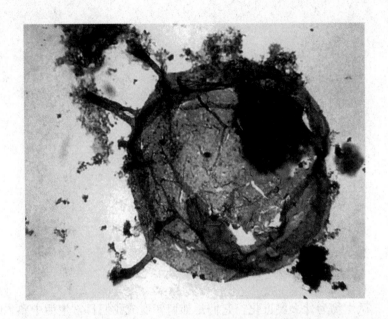

图 28　一种疑源类化石 *Tappania plana*。这类生物现在已经灭绝了，但它们是现代真核浮游植物的先驱。这一化石是在澳大利亚北部发现的，可以追溯到 15 亿—14 亿年前。其个体相当大，这个细胞直径大约是 110 微米。（图片由诺尔提供）

石，从进化的角度来看是有问题的。但他不知道如何解决这个问题。

1868 年，苏格兰地质学家亚历山大·默里（Alexander Murray）在纽芬兰岛下寒武纪序列之下的岩层中发现了新的化石。这显然是多细胞生物化石，但他当时对此并无清晰的概念。古生物学家当时否认这是化石，对之不予理会。直到 1957 年，西澳大利亚州埃迪卡拉山上发现的一系列化石才首次作为前寒武纪动物生命存在的证据被世人接受。这一时期被称作埃迪卡拉纪，而属于这一阶段的化石相继在世界各地被发现，包括俄罗斯的白海地区（White Sea），纽芬兰岛的米斯塔肯角（Mistaken Point），那是默里在一个世纪前去过的地方。

根据定年结果，最早的动物化石出现在约 5.8 亿年前。它们似乎是在上一个全球大冰期（雪球地球时期）后逐渐进化而来的。保存完

好的埃迪卡拉纪动物都起源于海洋,看起来是软体,也就是说,它们没有外壳、骨架或者可以辨识的硬质结构。它们大约存活了 9000 万年。埃迪卡拉纪结束于 5.43 亿年前,这一时期的化石首次记录了动物的灭绝。

图 29 狄更逊水母(*Dickinsonia*)化石,在南澳大利亚州埃迪卡拉山上发现的一种已经灭绝的动物。它和其他的埃迪卡拉纪化石是最古老的化石动物,大约在 6 亿年前的海洋中开始进化。[图片由利普斯(Jere Lipps)提供]

　　1909 年,美国史密森学会的地质学家沃尔科特(Charles Walcott)在不列颠哥伦比亚省东南部的落基山脉意外地发现了一系列海洋化石。他最终从那个地区收集了大约 65 000 块化石。50 多年后,惠廷顿

（Harry Whittington）和两个研究生经研究发现，这一垂直的布尔吉斯页岩（Burgess Shale）序列里含有的生物化石代表了所有现代生物的机体外形，包括早期的蚌类生物、节虫和已经灭绝的具有类似脊椎原始结构的原始生物。布尔吉斯页岩形成于大约 5.05 亿年前，包含极其多样化的化石。多年来，人们一直在争论寒武纪"大爆发"是否存在，即动物化石中记录的动物机体外形迅速而非凡的变化是化石保存导致的，还是这个时期确实是动物多样化的时期。可能是一些埃迪卡拉纪动物逃脱了 5.42 亿年前的大灭绝，成为寒武纪动物生命的种子。然而，更原始的物种仍有待发现。

第二条证据链不太直接。它基于这样的假设：特定基因、部分基因或基因组中的突变率是可以被测定的。如果知道突变的速率，通过计算来自一组生物体的现存成员的基因突变数目，可以推断该组生物体的进化速率，即生物体内的分子钟（molecular clock）。分子钟模型可用于推算生物的起源。最新的模型把突变率的变化考虑在内，可能比以前的模型更准确。虽然会尽可能地用实体化石对分子钟模型进行校准，但仍不可避免的是，推算的历史事件越古老，模型的准确度越低。基于分子钟模型预测的生物起源的时间几乎总是早于出现实体化石证据的起源时间。

由华盛顿特区史密森博物馆最好的脊椎动物古生物学家之一埃尔温（Doug Erwin）领导的科研小组使用化石校准后的分子钟模型推算出，动物大约起源于 7 亿年前，也就是埃迪卡拉纪初期。更重要的是，埃尔温和他的同事们提出了一个有说服力的案例来支持动物的快速进化，即寒武纪大爆发似乎是一个真正的多种新型动物形体进化的时期。尽管动物数量爆发的时间基本确定，但是这一现象背后的进化创新机制还不是很清楚。

在思考动物进化的原因时，我经常会想到一个非常简单的假说：在缺乏食物的环境中形成多细胞体是一个生态成功策略。简单地说，饥饿是进化选择的驱动力。单细胞海洋生物的能量学对我们来说是难以想象的。在一篇著名的颂扬伟大理论物理学家魏斯科普夫（Victor Weisskopf）的精彩散文中，他的同事珀塞尔（Edward Purcell）将微生物在流体中的生活体验生动地描述成"低雷诺数下的生活"（Life at Low Reynolds Number）。事实证明，对于一个微观有机体来说，水是一个相对黏性大的流体。在黏性流体中运动需要消耗大量的能量。珀塞尔所作的类比是，人类精子细胞在水中游泳的体验就像是一个真实尺寸的人在糖浆中游泳一样——我们每周只能移动几米。如果多个细胞可以统一行动，它们将更有效地克服由于流体黏度所带来的物理障碍。

要形成多细胞动物，细胞必须进化出四个基本性状。（1）它们需要共享一个能源供给；（2）它们必须以精确的方式相互连接；（3）它们必须集体分担有机体的功能，而不是各自为政；（4）它们必须一次又一次地复制身体模板。这四个性状共同作用，像一场精心设计的戏剧表演。如果多细胞生物不能保持这四个性状中的任何一个，它就会灭绝。

能源供给问题是关键。除了极少数例外，动物需要利用氧气从食物中获取能量。在单细胞真核生物体内，氧气是通过扩散（在这一过程中，由于热能作用而随机运动的分子会移动到氧浓度较低的地方）到达线粒体这一供能系统的。氧在线粒体内被消耗，因此在细胞内靠近线粒体的地方一直维持着一个低氧气浓度。之后，氧气从外部世界——这个世界在 18 亿年前是海洋——进入细胞。

扩散对单细胞生物来说是一个有效的获氧方式。但是如果单个细胞开始变大而环境中的氧浓度又不是很高，细胞就不能获得足够的氧气，也不会长得很好。当细胞形成集落并开始形成多细胞生物时，这个问题就更加严重了。

想象一下，有机体是一个平面，像餐巾纸一样，生活在岩石或泥泞的沉积物表面。让我们假设，像折叠的餐巾纸一样，生物体也由很薄的一层一层的会呼吸的细胞组成，就像埃迪卡拉纪动物化石中展示的。氧气从外界最先扩散到最上层表面，90% 的氧气被顶层细胞消耗掉，只有 10% 的氧气留给了下面的细胞层。下一层又消耗了这 10% 的氧气

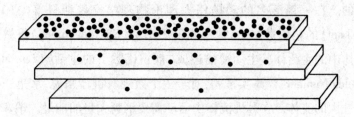

图 30 多细胞动物体内氧气的扩散问题。多细胞动物没有循环系统,它们只能通过扩散向细胞提供氧气。如果一个动物生活在海底,氧气的唯一来源是上方的水体。到达细胞第一层的氧气被呼吸过程耗尽,因此第二层接收的氧气比第一层少得多。在埃迪卡拉纪早期,体形单薄的动物之所以在进化选择中胜出,氧气的扩散几乎肯定是原因之一。

的 90%,留下不到氧气总量 1% 的氧气给第三层。显然底部的细胞会因缺氧而无法正常运行。

如果氧气的初始浓度很高,如果细胞的组织形状允许氧气从多个角度进入,或者如果细胞产生了一种有效地分配氧气的系统,情况将可改善。所有上述这些解决方案都最终演变成了现实,但前提条件是地球大气中的氧气浓度显著提高。

随着海洋浮游植物的进化,海洋沉积物中有机物的埋藏量以及地球大气中的氧气含量随之急剧上升。原核生物很小且难以沉降(水的黏度使它们悬浮),真核浮游植物不同于这些原核祖先,它们在水中可以很快沉降。浮游植物的进化、死亡、在古海洋沉积物中的埋藏导致了有机物的长期封存,以及后来地球氧气浓度的大幅度提升(见第五章)。大气中氧含量的提升大约发生在 7 亿年前,大约是大氧化事件发生的 17 亿年后。几乎可以肯定的是,氧气浓度的第二次上升是动物进化的关键。

没有人确切地知道当动物开始进化时氧气的浓度是多少。最好的猜测是,它占大气体积的 1%—5%。氧气在今日占大气体积的 21%。有点讽刺的是,真核浮游植物的死亡和埋葬加速了大气含氧量的上升,

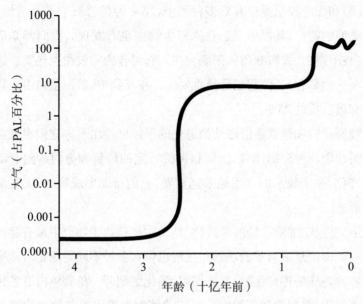

图31 地质时期大气中的氧气浓度相对现今氧气浓度的重建示意图。注意氧气的坐标轴是对数刻度。在地球历史的前半个阶段氧气的浓度非常低，为目前的大气氧气水平（present atmospheric level, PAL）的 0.0001%。在 24 亿年前的大氧化事件中，氧气浓度可能上升到约 1% PAL，之后在约 6 亿—5 亿年前的埃迪卡拉纪和寒武纪时期又上升至 10% PAL。在过去的 5 亿年中，氧气浓度一直保持在相对较高且相对稳定的水平，变化范围大约在现今氧气浓度的 50% 至 150% 之间。

这有助于以浮游植物为食的多细胞动物的进化。

随着氧气浓度的升高，单细胞真核生物不再受扩散的局限，它们可以聚集成群生长。聚集成群需要细胞间黏附，一种细胞间"胶水"的出现是多细胞动物进化的第二个关键性状。胶原蛋白（collagen）和整联蛋白（integrin）发挥了黏合剂的作用，这两种蛋白质在所有的动物中无处不在。胶原蛋白嵌入整联蛋白，整联蛋白结合在动物细胞膜上。它们就像柔性环氧树脂胶连接起所有细胞，也连接起许多细胞产物，如牙齿、骨骼和壳。胶原蛋白有好多种类型，每一种都有三个平行的螺旋，类似微型的螺钉，其原始形态在原核生物中也有发现。我们都知道胶原蛋白：干蛋白、香料和甜味剂混合在一起可作为明胶甜点热卖。这些不是唯一的黏合剂，但它们是最重要的。在动物中，胶原蛋白占生物体内所有蛋白质的 25%。

胶原蛋白和整联蛋白在动物进化的早期已经出现。它们出现在最古老的动物物种海绵体内，使细胞保持特定的位置和方向。随着动物继续进化，分子胶水的作用越来越重要，它们帮助形成新的、更复杂的机体形态。

第三性状，细胞功能的多样化，是动物和植物生物学中最有趣的现象之一。即使是最简单的动物和植物也包含多种不同的细胞。动物体内有各种各样的神经细胞、皮肤细胞、消化细胞等。植物体内有各种各样的叶细胞、根细胞和芽细胞。成年动植物细胞中的各种细胞都来自单个细胞——受精卵。不管在成年生物体中的功能如何，每一个细胞都保留细胞核，里面包含相同的遗传物质。这就是为什么我们可以从唾液、皮肤、骨骼、肝脏或肺中提取细胞来分析我们自己的基因组。但是，每一种类型的细胞都具有不同的功能，这些功能被编码在每个生物体的基因中。在聚生体中成为特化细胞的过程称为**分化**。在动物中，尚未注定成为特定细胞类型的细胞称为**干细胞**，它们可以被诱导形成许多类型中的一个或者另一个细胞：神经细胞或肝细胞等。不过多细胞生物中的这些不同种类的细胞到底是从哪里来的？

动物和植物的进化都借用和拓展了一个更早出现的主题：微生物的进化。在形成菌落的蓝细菌中，有一些细胞失去了光合能力，成为固氮的特化细胞。新型细胞较大，细胞壁较厚，是细胞内唯一能固氮成铵的细胞类型。此外，尽管它保留了所有的基因，却不能再回到光合菌的细胞类型。

分化还有其他几个例子。许多单细胞真核生物可以进行某种形式的**基因重组**（genetic recombination）。在这一过程中，它们的细胞从一种形式转换到另一种形式。基因重组是一种更具想象力的性爱方式。两个细胞,各从亲本细胞中继承了一半的遗传物质,通过合并这些遗传信息形成新的可以自我复制的细胞。在单细胞真核生物中,生殖细胞往往看起来与亲本细胞完全不同。事实上,有性繁殖的起源可追溯到进化的早期,在现代真核藻类中也有存在。"孢子"(spore)或生殖细胞,从亲本细胞中继承了一半的染色体(染色体是指在单个细胞的细胞核中可独立划分的含有遗传信息的遗传物质)数目且有很多不同的形状。

细胞分化是动物和植物进化的标志性事件。随着多细胞生物体的发展,特定的细胞执行特定的功能。在低等动物和大多数植物中,有机体可以不通过有性重组来复制,它的一部分有机体获得合适的能量和营养源即可生长成完整个体。在这种情况下,细胞保持获得新功能的灵活性。然而,在越来越复杂的动物进化中,这种灵活性失去了。有性重组即第四性状,成为建立一个新的有机体的唯一途径。

有性繁殖后形成的受精单细胞,即受精卵,在分裂发育成胚胎过程中分化成新的细胞类型。信息沟通和细胞协调在动植物中变得非常复杂,但基本的工具还是从它们的单细胞祖先那里继承而来的,类似于微生物间的群体感应。

在动物中,进化出一组分子专门来指导细胞中基因的转录,这组分子被称为转录因子。这些转录因子非常复杂,负责组织动物沿轴向发展并指导细胞分裂和运转。例如,在动物中,一组同源异形框基因(homeobox gene,或科学上俗称 *Hox* 基因)在胚胎发育过程中开启和关闭数百个基因。转录因子通常非常保守。它们最初是于 1984 年在果蝇(*Drosophila*)中被发现的,人们后来发现类似的基因在动物界(从水母到人类)广泛存在。

在植物中,一组完全不同的转录因子进化出来了。其中之一是MADS 框基因(MADS-box gene),它们组织生殖结构的发展。其他的一些转录因子还与种子早期萌发过程中根系和芽的发育有关。动物和植物具有不同的转录因子,这些转录因子普遍分布在各自的界中,这表明这些负责控制这两组宏观生物身体构型的分子的进化发生在动植物从共同的祖先分化之后。另外,因为植物和动物的线粒体几乎完全相同,这表明动物不可能起源于一个失去了质体的光合原生生物。这促使我们回过头来看最初导致动物起源的进化上的选择压力。

来自埃迪卡拉纪的最古老的化石在形态上与现代动物的关联并不明显。但分子证据表明,保存在寒武纪化石记录中的海绵是现存最古老的动物门。[在此处,门(phylum)只不过是一群拥有相同机体外形的动物和植物。海绵属于多孔动物门(Porifera)。"Porifera"的意思是"拥有孔"。]现代海绵结构比较简单。这些生物基本上是一个支架,里面有几百万个空隙可供水流过。海绵是个巨大的真核细胞聚生体。它们的结构和进食策略为我们研究动物是如何起源以及为何起源提供了线索。在这里,珀塞尔对生物的看法提供了重要信息:单个微小的细胞生活在黏性流体(比如水)中。

海绵中的细胞和现存的单细胞鞭毛生物——领鞭毛虫(choanoflagellate)——非常相近。领鞭毛虫有微绒毛组成的小衣领状结构,这种微绒毛是细胞膜上小的突起。这些生物用它们的鞭毛(flagella,该词来源于拉丁语"鞭")将水划过它们的体侧,微绒毛则用于捕获细菌和其他有机小颗粒物供细胞摄食。鞭毛本身是一种古老的纳米机器,在原核生物和真核生物中都有发现,只是结构上有所差异。真核生物,比如领鞭毛虫,它的鞭毛是由围绕在1对二联中央微管周围的9对二联微管组成的。结合在微管上的动力蛋白(dynein)是一种分子马达:通过水解ATP使相邻的两条微管相互滑动。结果是,鞭毛来回抽打从而推动水流。这种类型的鞭毛出现在单细胞真核生物中,负责将颗粒物从水中推入细胞来供其进食。这一基础类的纳米机器帮助动物在体内实现很多活动,包括精子的运动、食物在肠道的消化等。领鞭毛虫家族的大多数成员是自由生活的单细胞生物,少数种类能形成群落。虽然单细胞真核生物形成群落并不少见,但一些种类的领鞭毛虫具有特殊的基因,这些基因可以让它们以一种非常精确的方式彼此黏结。

在 1841 年,也就是《物种起源》出版的 19 年前,法国生物学家迪雅尔丹(Felix Dujardin)注意到领鞭毛虫和海绵内部细胞的形态相似。他称这些细胞为**领细胞**(choanocyte)。在海绵中,领细胞与鞭毛协作,每天推动数十升水流过身体。在海绵内部,领细胞将水中的细菌和有机颗粒物滤出,利用鞭毛捕捉它们,为整个群落摄取食物。所有鞭毛同步运动,从而创造了一个穿过动物身体的单向水流,其方式类似于划手们协调划动来使三列桨船在水中航行。然而令人惊讶的是,海绵没有神经系统。目前还不清楚独立的领细胞之间是如何交流的或者什么信号负责使数以百万计的鞭毛同步运动。这些鞭毛的协同运动有助于推动大量的水,结果使得细胞的宏观群体不再表现得像是生活在一个有糖浆黏度的流体中。

海绵是微生物的大观园。它们虽然摄取流经身体的水中约75%至90%的微生物,但同时也庇护着成千上万种微生物,并与之形成互共生关系。这些微生物遍布于构成海绵动物体的数百万个小孔中。一些微生物提供营养,向动物宿主提供维生素和其他化合物,就像我们体内的微生物一样。还有一些微生物制造毒素以保护宿主免受捕食。事实上,在海绵体内发现了动物界中毒性最强的几种分子。在其他一些情况下,海绵收留光合藻类,光合藻类在为海绵提供营养物的同时,也回收了宿主产生的废弃物。微生物与海绵的联合体是宏观世界与微观世界之间建立更广泛的互惠关系的先行者。

海绵的进化表明,成为多细胞生物有很多潜在益处。虽然领鞭毛虫和其他真核异养生物大量存留在海洋和湖泊中,但数以百万计的领细胞协调运动使海绵获得的水比上述任何单细胞都多。实际上,正是因为海绵每一天都将数十升的水泵过身体,即使它一生都待在一个地方,它捕食区内的细菌和食物颗粒也比其会游泳的单细胞真核生物祖先要高几个数量级。通过与数以百万计的细胞分享养料,平均每个细胞为捕食而消耗的能量大大减少。此外,水流向生物体输送充足的氧

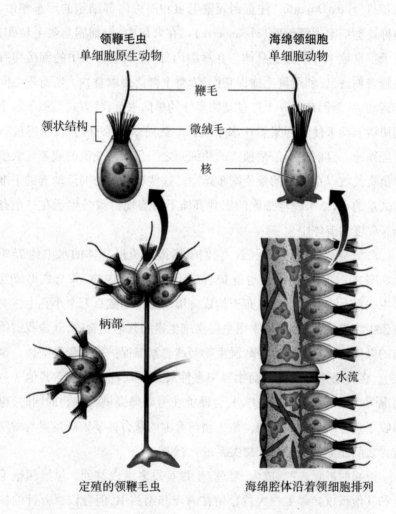

图32 领鞭毛虫菌落手绘图(图左)。它们用鞭毛将细菌和其他颗粒物推进领状结构。领状结构是领鞭毛虫进食的地方,和海绵体内的领细胞非常类似(图右)。

气助其维持高代谢率。除此之外,通过庇护产生营养和毒素的微生物,海绵能更好地自给自足和更不易遭到捕食。细胞网络自有它的益处。

在达尔文时代之前,人们已经意识到动物形体构型的演变是进化的基石之一。一个长出壳的动物,如蛤,与一个长出脊骨的动物,如蛇、鸟、人,在宏观尺度上有明显的区别。摩托车、汽车、八轮卡车、轮船、喷气式飞机各自有不同的形体构型,但它们都包含引擎,都需要能源,都使用同样的燃料。这些人工制造的机器是在 150 年内发明的,它们的"进化"迅速得难以置信,但都基于相同的基本机械原理来推动不同形状的交通工具。动物的进化过程与之类似。

从数十亿年前的微生物进化而来的这些核心纳米机器,包括偶联因子、光合反应中心、细胞色素、电子载体等,负责所有的植物和动物的生命过程。这种机器首先被配置在许多形体构型的动物体内。动物是生命进化之树上的一个相对独立的很小的分支,它们就像摩托车、汽车和卡车一样使用相同的基本机械原理来移动。事实上,动物和植物的新陈代谢机制远不如微生物祖先那样多样;动物无法接触到微生物曾经使用(而且仍然可以使用)的许多燃料。不过,动物确实获得了新的机能,这使得它们有别于它们的微生物祖先。

尽管新的机能是重要的,但还没有重要到需要——列举所有的新机能。我想把重点放在几个促使动物如此成功的关键创新上,包括长距离运动、感觉系统,以及神经系统和大脑的形成等。在每一种情况下,这些机能都具有微生物起源或类似物;动物只需修改之前存在的基因,并不需要从头开始设计。

运动是动物进化中最早的创新之一。虽然海绵的大部分机体是不能动的,但其近亲栉水母能够游泳。这些小动物看起来像小型的透明足球,但具有八组细胞,这些细胞包含大量分布在外表面的纤毛状结构。纤毛是一种类似鞭毛的结构,它们协同行动,沿着动物的外表面造波从而推进动物移动。在某些方面,这种推进系统的设计类似于内面向外的海绵。这个系统是由单细胞生物调整而来的,不是非常有效,当生物进化成大型尺寸的时候它就被遗弃了。然而,它能很好地克服所有单细胞生物在水中都面临的小规模的黏度问题;栉水母是利用此推动系统的最大的生物。随着刺胞动物(如水母)的进化,推进身体移动可通过张开嘴创造一个水射流来实现。

这一微型足球没有很强的水动力特性。全世界的海军都知道:潜艇(事实上是一个拉长的足球)要想在水中航行需要消耗很多能量。随着两侧对称动物(如蠕虫、昆虫、鱼类、爬行动物、鸟类和我们)的进化,大量的细胞发展成肌肉,这些细胞由神经细胞控制,使得动物可以在水中或空气中高效运动。所有这些系统的进化需要一整套的分子马达,是通过一系列被称为**肌球蛋白**(myosin)的蛋白质完成的。肌球蛋白沿着**肌动蛋白**(actin)"漫步"使肌肉伸缩,这一过程消耗 ATP。长期以来,人们认为只有动物(尤其是两侧对称的动物)才有编码肌球蛋白的基因。然而,随着更多的基因序列的获得,我们清晰地看到栉水母和海蜇也含有肌球蛋白。而且这一基因来源于单细胞真核生物,比如领鞭毛虫。动物基本上回收及重复使用了这些几亿年前进化出的基因。数百万年以后,单细胞生物体内的这些纳米机器将为比它们重数百万倍的动物身体提供动力。

在感觉系统的进化中也有类似的情况。许多原核微生物进化出的化学感应系统与动物的味觉、嗅觉类似。当然,将微生物衍生的系统转移到更复杂的生物体中时也有遇到明显困难的情况,视觉就是一个典型例子。多年来,人们认为眼睛的进化是如此复杂,一定受到了神圣的造物主的指点。事实上,达尔文对眼睛的进化也明显感到困惑,但他对这个问题的思考受限于信息的缺乏。在《物种起源》的第一版中,达尔文写道:

"眼睛有调节焦距、允许不同采光量和纠正球面象差和色差的无与伦比的设计。我不得不承认,认为眼睛通过自然选择而形成的假说似乎是最荒谬可笑的。然而,理性告诉我,如果能够证明,从完善、复杂的眼睛到非常不完善、简单的眼睛的过渡过程中存在着大量的层级,每一层级都对其拥有者有用;更进一步的,如果眼睛的确曾发生轻微的变异,而这些变异又能遗传,这是可以确定的;如果器官发生的变异或改动对处于变化的生活条件下的动物有用,那么相信完善、复杂的眼睛能经由自然选择形成,虽然在我们的想象中是难以克服的,却很难说还是个真正的难题。"

达尔文不知道微生物进化出了好几种光传感器。动物眼睛**视网膜**(从维生素 A 转变来的)里的色素表层细胞与**视蛋白**连接。视蛋白是一个庞大的家族,都具有相同的基本结构:7 个跨膜螺旋结构。在动物视网膜中的视蛋白是光传感器。在微生物体内也有非常相似的色素连接在其他类型的视蛋白上,比如在全世界的海洋微生物中,**视紫红质**(rhodopsin)非常普遍。这两种色素蛋白复合体来源于一个共同的祖先吗? 答案似乎是否定的。视蛋白似乎已经在至少两个不同的时间独立进化过了。在原核生物和一些单细胞真核生物中,视蛋白常常为质子泵服务来产生电子的跨膜梯度。虽然这些色素蛋白复合体也有 7 个跨膜螺旋结构,但它们的氨基酸序列与动物眼睛的视蛋白完全不同。在微生物中,色素蛋白复合体用来产能。微生物用视紫红质跨膜运输质子。质子通过涡流偶联因子流出,使得细胞在感光条件下制造 ATP。相同的色素蛋白复合体也可以作为光传感器。在许多单细胞真核生物中,视紫红质使细胞朝向特定颜色的光源游动。在多种单细胞真核生物以及后来出现的动物中,细胞色素基本上是保留和重复利用了之前进化的那些结构相似的蛋白质。

眼点(eyespot)含有视紫红质,是一种简陋的光传感器,在数种单细胞真核藻类中存在。这些视蛋白的基因大概是通过微生物水平转移而来。视蛋白在珊瑚中也有发现,而其中的色素蛋白复合体可以感光,然后提示动物产卵。真正的眼睛不仅能感觉光也能聚焦图像,在其进化中有类似的视紫红质跨膜层。眼睛作为光学"照相机"——它的透镜是由胶原蛋白形成的——连接到感觉系统，通向大脑。大脑是更复杂的器官，它可以记录图像，并将其与以前的记录进行比较。在脊椎动物的胚胎发育过程中，眼睛是作为大脑直接扩展的一部分而形成的。

如前所述，所有活细胞都保持跨膜电势梯度。电势梯度不仅将环境中的营养物质转运到细胞内，将细胞内的废物排放到环境中，它还充当了感觉系统的角色，使细胞能够感知光、温度或营养物质的梯度。在动物中，有一类特殊的细胞，我们称之为**神经元**（neuron）。这类细胞通过电子能量的传递来协调细胞行为。在动物进化的过程中，味觉、嗅觉和视觉等感官系统也必须产生电信号，并与运动协调起来，这样动物才能捕捉猎物，与同种中的恰当性别对象进行交配，逃离捕食者，以及学习。

这些对任何动物的生存都至关重要的基本功能来自数十亿年前进化的细胞膜。但是，为了在动物中产生信号传输线路和大脑，重大革新必不可少。细胞必须控制信息的接收，即一次接通一个开关，只让一个信号在瞬间发出。信号传输必须具有方向性，信号只能沿着线路向一个方向发射。细胞必须将信号传送到另一个细胞以延伸信号线路或整合网络，这样就需要一个化学通信系统。化学信号以简单的分子为基础，其中许多来自氨基酸。动物细胞内的通信系统则以微生物的群体感应为基础。这些进化上的创新产生了神经网络，最终产生了大脑。它的功能是在双向信号交流平台——感知和回应——上集成信息并控制信号通路。

随着动物继续进化，神经网络和大脑系统变得越来越复杂。这种**新兴**属性不断发展的过程，类似于计算机的发展。第一台计算机运行缓慢，内存很少。但经过研发，计算机科学家和工程师创造了更快、更小、更便宜、更复杂的系统。这一基本过程发生在动物的神经系统上，它对地球的运作产生了巨大影响。在进一步探索之前，我们必须理解行星尺度上的共生概念。

动物的进化比陆生植物的进化早了约 2 亿年，然而这两组生物有着非常相似的轨迹。陆生植物进化自一种绿藻,在约4.5亿年前开始占据陆地。由于缺乏持续的水源和养分,这些早期的拓荒者不得不进化出一套新的性状才得以在恶劣的干旱环境中生存。像动物一样,植物进化出了一种胶水使细胞相互黏附。这种胶水是以糖的多聚物,即**纤维素**(cellulose)为基础的,这种物质对植物来说很容易制造。纤维素不需要任何氮或磷,只需要碳、氧和氢,而这些物质在空气中大量存在。此外,纤维素和它的衍生物对于大多数微生物来说是很难分解的。动物不能消化纸,只有动物体内的特殊微生物才能做到这一点。纤维素给陆地上的植物以结构支持,当陆生植物死亡时,有些纤维素混入了土壤中,有些则被冲入海洋并与沉积物混合。

像5亿年前单细胞光合真核生物的埋藏一样,陆生植物的进化和死亡大幅度提升了地球大气的氧浓度。陆生植物在其统治期间是生物界的布尔什维克。据估计,由于大型陆生植物——现代树木的祖先——的崛起和死亡,3.5亿年前地球大气的氧浓度比现在高约35%或67%。这导致了什么结果呢?

大气中氧浓度的增加导致了大量海洋动物入侵陆地。蠕虫、甲壳类、蜗牛、脊椎动物等都成功地爬上陆地定居。不同于植物的兴起,陆地上动物的出现是许多生物多次入侵的结果。除了最早进化的动物——海绵、水母和它们的亲属们,几乎每一类形体构型的动物都成功移民到了陆地上。

陆生植物成功推动了大气中氧浓度的增加,导致了动物体内的多次创新。甲壳类和它们的亲属进化为昆虫。昆虫通过身体两侧的小开口将氧气扩散到体内。人们发现了这一时期的翼展长达半米的蜻蜓化石。如果没有极高的氧浓度,这种大型昆虫就不可能存在。最早的陆生鱼类最终进化为两栖动物和爬行动物,再后来进化成恐龙(包括鸟类)和哺乳动物。但这需要更多的调整。尽管海洋动物进化出了将氧气输送到内脏的循环系统,使它们变得更大更复杂,但由于大量缺水,同样的循环系统很难在陆地上运行。在水中,氧气的扩散是缓慢的,生物体通过细胞间的直接交换或通过特殊的器官(如鳃)获得气体,后者有非常大的表面积。这些气体交换系统不容易在空气中运行:有机体很快就会脱水。为了帮助解决这个问题,生物体进化出了防止水分向环境扩散的体表面,气体交换过程在身体内部进行。用循环系统连接流体将氧气输送到有机体的远端,从而加速气体交换。循环系统需要泵来提高气体交换效率,而不是像海绵一样利用一组协调运动的鞭毛细胞推动流体。单细胞的分子马达为了专门的细胞功能而运作,尤其是在肌肉和神经元中。

肌肉使用大量的 ATP,每秒推动数十亿个肌球蛋白分子与肌动蛋白互滑。神经元使用大量的能量来激活细胞。如果说微生物的生活像骑自行车一样悠闲,那么动物的生活就像驾驶大型喷气式客机一样刺激。这似乎是一个悖论。如果我们测量一个动物的能耗,那它一定会远远低于将这个动物所有的细胞平铺在一个巨大的培养皿上时该动物的能耗。这是因为动物体内的单个细胞最终受到氧扩散的限制。然而,动物的总产能是非常高的,即便是像龟或者蛇这样的冷血动物。对于拥有更高体温的更活跃的动物来说,如鸟类和哺乳动物,其能量需求是爬行动物的4—8倍。

所有动物都依靠光合生物来获取能量。在海洋生态系统中,食物的供给主要靠浮游植物,但大多数大型动物很难直接捕获浮游植物。浮游植物的能量通过较小的动物,如小型虾类生物、浮游动物等,传递到大型动物身上。能量传递需要成本。能量沿着食物链向上一个营养级传递的过程中,只有约10%的能量会被保留。例如,100 千克浮游植物带来约 10 千克浮游动物的产量,但 10 千克浮游动物只会带来大约 1 千克鱼的产量。在海洋中,浮游植物浓度最高的地方是深水中的营养物质被风带到表层的地方。这些有上升流的区域通常位于大陆边缘和浅海。这就是为什么渔业在这些区域如此发达。浮游植物细胞的平均寿命是 5 天。所有细胞每 5 天分裂一次,两个子细胞中的一个被吃掉。海洋中的光合生物数量大约仅占地球上的光合生物数量的0.2%。

陆地上其余99.8%的光合生物基本不被捕食。树上的叶子大部分都留在树上。但海洋中的营养迁移法则也同样适用于陆地。100千克的草会带来约10千克的马。不过，由于草往往生长快速且高度集中，所以野牛可以长成为大型动物，形成广泛的牛群。陆地生态系统中能量传输的营养级数目一般小于海洋。在过去的5000万年，草的进化为大型哺乳动物的进化提供了重要的机会。

丰富的能量供应使生物的感官系统及其反馈机制产生了带来巨大竞争性的创新，如嗅觉、视觉、味觉和听觉的进化。动物进化出越来越复杂的系统，供其选择可食用的植物或捕获猎物。植物进化出越来越复杂的系统，使之不仅可以利用动物排泄物来生长，也可利用动物传授花粉、传播种子。植物与植物、植物与动物、动物与动物之间的协同进化导致了更复杂、互动更多的适应系统。

为了保持一个日益复杂的稳定系统，每一个物种经历了一个长期的适应过程，否则一成不变的进化特征会使之灭绝。这是为什么呢？环境日新月异，自然选择始终如一。

1973年，美国进化生态学家范·瓦伦（Leigh van Valen）受到《爱丽丝镜中奇遇记》（*Alice Through the Looking Glass*）中一个故事的启发，戏谑地将"生物是不断进化的"这一概念称为"红皇后"假说（Red Queen hypothesis）。范·瓦伦的基本前提是：个体物种必须"原地奔跑"（run in place）以维持它们进化上的合理性。我们今天看到的橡树与500万年前的橡树不一样。随着生态背景的不断变化，生物每一个小小的创新都引向了进化上狩猎与捕食的博弈，引发了生物多样性。

在漫长的地质历史时期，在广袤的地球上，生命体时刻面临着灭绝的威胁。生物多样性对于这些编码维持生命机器运行的核心基因的传承起着至关重要的作用。但是多样性本身随着时间的推移而变化，特定性状的进化在地球的历史上只有短暂的适应优势。生物体转瞬即逝，基因却源远流长。

一种随机进化而来的生物被自然选择，因为某些特定的性状使其在近期迅速称霸地球。自24亿年前的大氧化事件或4亿年前陆生植物的进化以来,这一生物对地球的破坏没有任何生物可以超越。在这个大型生物遍布地球且有着复杂的相互作用的时代,人类作为新的动物物种在地球上迅速崛起,成为新一代进化上的布尔什维克。我们总是倾向于认为我们是如此与众不同,因而可以忽略地球的历史。但是我们真的可以吗?

第九章

脆弱的物种

　　小时候，我的父亲经常会在夏天带我去河滨公园，我们从哈勒姆住宅区的公寓步行过去大概需要 15 分钟。1901 年，在我父亲出生 50 多年前，河滨公园还是一个巨大的墓地。1842 年，由于霍乱、天花及伤寒导致的死亡人数激增，市中心墓地变得很拥挤，河滨公园根据纽约市政府法令被正式确立为墓地。虽然这项法令后来允许将河滨公园作为美国南北战争中牺牲的士兵的大规模墓地，但在一个多世纪前，该地区被用来安葬遗体就已经有一个先例了。

　　在格兰特将军国家纪念堂对面隐蔽的角落里有一个小纪念碑，这个小纪念碑是为了纪念一个 1797 年去世的时年 5 岁的"可爱的孩子"——波洛克（St. Claire Pollock）。这是一个坚固的花岗岩石碑，坐落在能俯瞰哈得孙河和新泽西帕利塞兹悬崖的海角上。在 1797 年，那肯定是一个非常好的安息之所，因为那里有着世界上最美丽的风景之一。

　　我小时候体弱多病，曾经在医院待了 6 个月。我活了下来，而且从此以后身体一直很好，但我经常会想那个可爱的孩子是怎么死的，为什么很久以前的孩子常常很小就死了。我也常常想到，我是多么幸运，没有在医院里死去。

我们人类有着与微生物共存的悠久历史。虽然人类与微生物不乏和平共处的时光,但掩藏在和平之下的,却是一场永无止境的、低层次的战争,战争的双方是我们人类和微生物入侵者,这些微生物入侵者生来就是为了致我们于死地。不过,我们在进化过程中也获得了一些特征,这些特征赋予了我们某些作战优势。在人类的历史进程中,这场战争本身对我们和微生物的进化轨迹都造成了极大的影响。下面让我们考察一下赋予我们作战优势的一个特征。

复杂语言和抽象思维的进化是我们区别于其他所有动物的最有趣和最重要的特征之一,但它仅在机械层面上被部分理解。一个关键的进化上的变化似乎是人类和其最近的灵长目祖先之间的两个突变,这两个突变导致了由**叉头框**基因 *Foxp2* 编码的两个氨基酸中的变化,*Foxp2* 基因位于人类基因组的 7 号染色体上。*Foxp2* 基因编码的蛋白质是一种转录因子,它调控着胎儿发育过程中的许多基因的表达。在人类中,这个基因对于大脑的几个区域的发育至关重要,包括负责语言的布罗卡区。*Foxp2* 基因关键区域的突变会导致发音、说话或语言理解等方面的障碍。这个所谓的语言基因,是由灵长目动物和人类之间微小而看似微不足道的突变进化而来的,它对我们自身的进化过程发生了革命性的作用。

毫无疑问,其他的基因也为人类拥有说话、交流复杂及抽象思维的能力作出了贡献,但不管这些基因是什么,它们允许一种不同的进化方式,人类学家称之为**文化进化**(cultural evolution);我个人倾向于称这种现象为**横向信息传递**(horizontal information transfer)。能够快速沟通这些想法的能力是特殊的,而且意义深远。人类是唯一能跨越代际界限传递复杂信息的动物。因此,获得的知识可以保留而无须任何遗传选择。横向信息传递可能使人类逃脱"红皇后"的约束。例如,如果通过横向信息传递,我们可以控制自己与致死微生物的接触或这些微生物的生存策略,那么我们是否就能发动一场反攻,先把它们给消灭了?

这么做的话，我们是否会改变微生物的进化轨迹？

我们有理由断定，在过去的 2 万年以来，甚至更早，人类和微生物一直在快速地共同进化。当然，我们和微生物都会从中获益。例如，考古证据表明，早期的狩猎者—采集者部落已经具备了用谷物制作一些酒精饮料（可能是一种啤酒）的能力。自然发生的微生物酵母菌将谷物中的糖转化为酒精。公元前 3500 年，啤酒是一种流行于撒马利亚*（Samaria）和其他文明的孕育地的饮料。同样，也有证据表明，在有文字记载的历史之前，就已经出现了葡萄酒。考古证据表明，它大约是公元前 7000 年产生于中国；公元前 3200 年，葡萄酒生产遍及整个中东地区。发酵谷物和水果使得酒精饮料最终在亚洲和欧洲广泛流行。这是人类文化中微生物繁荣的开始。

微生物发酵方式由许多文明体系独立开发并应用于许多食品的生产中，如制作奶酪、改良的豆制品（例如，生产酱和酱油），以及利用豆类、谷类制品、水果、蔬菜、鱼，甚至肉类创造许多其他产品。

发酵过程是我们与微生物"和平共处"的一个例子，从人类的角度来看，它至少满足了三个目的。首先，它使得食物具有更长的保质期。这是特别重要的，特别是当食品供应有其季节性，而其他的保存手段无法实现时。其次，发酵通常可以产生高营养价值的食物。人类通过对味道或其他属性的选择，早在他们了解发酵过程由特定的微生物负责之前，就已在人类的食物中培养这些微生物了。最后，发酵也有助于使食物更易被消化。微生物分解那些不易被消化的材料，从而使它们可供人类吸收。可可豆和咖啡豆就是这种食物的例子：豆粒周围的果肉被微生物自然降解，然后再在我们的肠道中被消化吸收。

微生物拥有受人类青睐的魔法，并且位居所有身怀此项绝技的生物之首。极少数微生物因其会使独特的魔法（例如，通过将某种特定的糖转换为某种特定的酸，从而制造出某种奶酪或特殊风味的啤酒、面

　＊　巴勒斯坦中部古城，以色列王国首都。——译者

包,等等)而在本质上成了隐形的"宠儿"。但有时候,这些"好"微生物会在与其他微生物的竞争中落败,食物将会变得有毒,使我们生病甚至杀死我们。

在过去的几个世纪里,微生物感染导致的过早死亡是如此普遍,据估算在一般家庭中超过半数的孩子都无法活到具有生育能力的年龄。例如,鼠疫是由一种名为鼠疫耶尔森氏菌(*Yersinia pestis*)的细菌引起的,它们通过跳蚤叮咬而传播。在公元6世纪爆发的鼠疫导致了查士丁尼一世(Justinian Ⅰ)统治的拜占庭帝国约5000万人死亡。14世纪,另一次鼠疫大流行,导致了约50%的欧洲人口死亡。鼠疫在英国、意大利、西班牙等国的爆发一直持续到了17世纪。

19世纪,由霍乱弧菌(*Vibrio cholera*)引起的霍乱大流行,造成了亚洲数以千万计的人受感染而死。这种疾病由受到粪便污染的饮用水传播,遍及欧洲,在匈牙利、俄罗斯、英国和法国造成了数百万人死亡,甚至通过移民传播到了美国。1849年6月,在卸任美国总统3个月之后,波尔克(James Polk)因感染霍乱而去世。19世纪,很多人由于感染了伤寒、天花、肺结核、肺炎和流感而死亡。显然,微生物对人类健康的威胁是巨大的。

微生物通过食物和水进入我们的身体,通过呼吸的空气进入我们的肺部,还可以从性行为、动物叮咬,甚至从伤口等途径进入。它们破坏我们的呼吸系统、循环系统和消化系统,导致极易在人群中大面积传播的感染。微生物可产生极强的神经毒素、肠毒素和无数其他针对特定功能的分子。有时我们可以控制这些毒素的毒性作用,比如我们可以使用作用目标为神经元和肌肉组织的肉毒杆菌毒素,作为降低肌痉挛的治疗药物和去除皱纹的美容药物。然而,一旦这些微生物进入我们的身体,这些强效毒素的作用就难以控制。简而言之,直到20世纪,微生物导致的大量人类死亡,在很大程度上控制了人口数量。虽然微生物感染仍然影响着许多人,特别是在不发达国家和发展中国家,但有两个重大突破改变了我们与微生物的关系。

第一个突破是，人们认识到：通过尽量减少与特定微生物的接触，疾病是可以避免的。人类为了减少与微生物毒素的接触而采取的最伟大的变革之一即生活用水进入家庭及其被排出的方法上的变革。几个世纪以来，通过水处理和减少人类与污水的接触，水源疾病的威胁大大减少。将添加草药或其他调味剂的水煮沸，或是在水中添加来自谷物和水果发酵的酒精的做法风行于整个亚洲地区。为了使水可以安全饮用，这两种方法被变着花样使用了几个世纪。污水处理系统出现得更晚一些，它们进一步降低了人类感染微生物疾病的风险。19世纪，关于供水和废水处理的知识迅速传播并成为发达国家的标志。

第二个突破是发现了能够杀死微生物的天然代谢物。**抗生素**（antibiotic）这一术语是由已故的瓦克斯曼（Selman Waksman）提出来的。他发现了链霉素，这是由类似于我实验室外的土壤中分离产生的一种微生物所产生的分子。这一发现使无数生病的人变得健康。在发达国家，几乎不可能找到一个在他一生中没有使用过抗生素疗程的成年人。

在20世纪中期，人们还发现给动物服用抗生素会增加肉类和牛奶的产量。美国消耗的抗生素中大约有80%用于动物生产，而非人类健康。事实上，正是由于目前很多抗生素的广泛应用，尤其是在畜牧业中，许多微生物已经对普通抗生素产生免疫作用，而这些微生物正在发动反击从而杀死我们。它们的免疫力是由于基因突变引起的。由于微生物可以很快地以小时或更小的时间尺度复制，自发突变被迅速累积，这些突变随后被我们所应用的抗生素选择。这些具有抗性的微生物是幸存者，一旦这些突变被自然选择，它们可以通过水平基因转移迅速扩散到无数的微生物群落中。这些致病微生物已经在对我们发起反攻。事实上，微生物正在"红皇后"进化周期中发动反击，这是一个因人类不断升级防御而导致微生物升级进攻的周期。

不管谁是"红皇后"周期的最终赢家，通过横向信息传递获得和传播的人类知识，显然在帮助人类暂时控制地球方面非常有效。我们与微生物的战争已经取得了巨大的胜利。尽管微生物对抗生素越来越有抗药性,但它们对人类生活的限制(虽然并非微不足道)已经远比一个世纪前的影响小得多。语言的进化和信息的迅速传递有助于减少微生物对人类人口增长的控制。我们似乎暂时逃脱了"红皇后"的约束,从而进入了人口增长的指数阶段。

当我是一名本科生时,我在纽约城市学院的微生物实验室工作,为实验培养藻类菌种。在实验室里,在营养液中培养的单一微生物的生长遵循简单的模式。将微生物接入新鲜培养基后的初期阶段,细胞生长缓慢,这一阶段被称为延滞期。但一段时间之后,细胞开始适应新的环境,生长加快。在这个阶段,种群生长的轨迹是呈指数形式的:2个细胞变成4个,4个变成8个,以此类推。最终,某些营养物质在培养基中成为限制因子,细胞开始相互竞争有限的资源。当这种情况发生

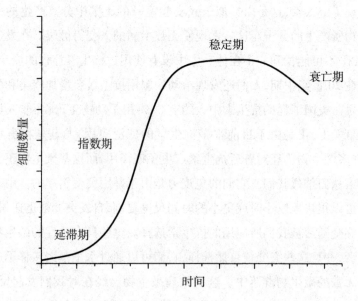

图33 一条典型的微生物生长曲线。将微生物接入培养基后,细胞会经历一个延滞期,然后开始指数生长。在某个节点,某种营养物或其他资源(例如藻类所需的光)会受到限制,细胞的生长速率由此下降,最终停止,这是稳定期。如果长时间没有营养物补充和种群密度稀释,细胞就会开始死亡。

时,生长速率减慢,种群数量达到稳定期。

其实也有第四个阶段,只是在教科书中很少讨论。当细胞达到了稳定期,营养物受限一段时间之后,微生物很难制造生存所需的细胞元件。它们中的许多个体选择"自杀",这种现象被称为自催化细胞死亡(autocatalyzed cell death)。这是许多年前我还是一个研究生时偶然发现的现象,不过之后我并未在这一领域多做研究。

这个基本的增长轨迹在现实世界中更为复杂,许多不同的微生物不可避免地会争夺相同的资源;捕食者和病毒总是存在,以保持任何个体的微生物种群处于可控状态。在现实世界中,单个物种几乎不可能保持指数生长从而占据海洋或陆地,除非它们是外来的物种——没有捕食者,或者这一物种具有其他独特的功能,从而让它们在与土著微生物的竞争中胜出。

有关微生物生长的制约平衡的基本概念适用于任何有机体,包括我们人类。在格里历(公历)的公元 1 年,据估计地球上有 2.5 亿—3 亿人。1809 年,即达尔文出生那一年,地球上大约有 10 亿人。到 19 世纪末,地球人口大约为 16 亿,人类的平均寿命只有大约 30 岁。到 20 世纪末,全球有超过 60 亿人,人类预期寿命增加了一倍多,约为 65 岁。到 2050 年,据估计,将有超过 95 亿人居住在这个星球上,每一个个体都需要食物、水、能量和纤维。人口学家希望,那时将是人类人口的稳定期,但是没有人可以绝对肯定。

考虑到人口的大量增长,我们将如何养活自己呢?有些东西最终会限制我们的人口。它会是食物吗?还是水?能量?空间?微生物会对我们最先进的抗生素产生越来越高的抗性,并再次将我们成群杀死吗?或者由于我们将永久地改变由微生物控制的地球化学成分,地球会变得不再适宜居住吗?

让我们来思考一个小事件,它导致了地球的巨大改变。

1859 年,就是这一年,大本钟第一次敲响,伦敦出版商约翰·默里和他的儿子们将《物种起源》的第一个版本送去出版。在大西洋的另

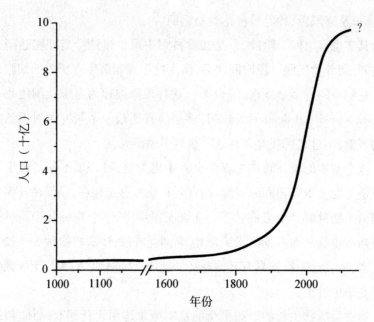

图34 公元 1000 年初以来的人口增长曲线。在发现如何将污水与干净的饮用水分开的工业革命之前,人类人口相对稳定,类似于微生物培养的延滞期(图 33)。然而,从 19 世纪中叶开始,人类人口呈指数增长。人口学家估计,人口的稳定期将出现在 21 世纪中期,大约在 95 亿—100 亿。与图 33 比较。

一边,美国列车员德雷克(Edwin Drake)在宾夕法尼亚州的泰特斯维尔附近打了第一个主要油井。这一事件将标志着石油勘探开采的现代繁荣的开始。当时,石油(petroleum,字面上,"岩石油",rock oil)只有一个有限的市场。它那时主要的用途是生产油灯所用的煤油。

　　煤油灯是由美国纽约布鲁克林区一位不知名的发明家迪茨(Robert Dietz)发明的,他拥有一家制造油灯的工厂。迪茨设计了一种明亮的且只产生很少烟的灯。在当时,他的发明就如同 40 年后白炽灯的发明一样具有革命性。但是在一开始,迪茨缺少廉价燃料的来源。当时灯油的主要来源是抹香鲸鲸脂。泰特斯维尔为煤油提供了一个非常好的新来源,再加上迪茨的煤油灯营销,这种灯风靡全国各地。当时的新技术的兴起导致鲸脂的需求减少，从而意外地引发了 19 世纪下半叶捕鲸业的崩溃。成为照明燃料的煤油不仅拯救了濒临灭绝的鲸，还带来了其他意想不到的后果。

在 20 世纪最初的几十年里，石油工业已经成为那些迅速工业化的国家经济增长的引擎。煤油蒸馏的副产品之一是一种非常易挥发的液体——汽油，汽油在当时并没有市场，所以它被当做废物燃烧掉。然而，到了 19 世纪末，有几个人以不同的方式发展了内燃机。1876 年，经过十多年的尝试，德国工程师奥托（Nikolaus Otto）在众多同事的帮助下，成功地开发了一种内燃式引擎，能够利用石油馏出物运行。由于汽油很便宜，它很快就变成了显而易见的燃料。汽油发动机比燃煤蒸汽机或煤气发动机效率更高，因而在运输行业中被迅速采用。新的发动机导致了煤油工业废弃物的巨大需求。为了满足这种需求，石油公司大量投资于基础设施，以提炼石油和运输燃料。

然而，石油和其他化石燃料的快速燃烧带来了一个完全没有预料到的后果，那就是温室气体（尤其是二氧化碳）的增加。汽车每燃烧 1 加仑*汽油，会从尾气中排放约 9 千克二氧化碳。在世界范围内有超过 10 亿辆汽车，而且这还只是问题的一部分。全球有大量的煤炭和天然气供应。所有这些化石燃料都是数百万年前形成的，代表了能量的储存库。特别是石油，它们存储的能量来源于残留的藻类化石。我们已经开发出非常有效的系统用于提取燃料。在 1 年内，我们可以提取 100 万年形成的石油，换句话说，我们在 1 年内燃烧的燃料是由藻类和高等植物 100 万年的光合作用形成的。

自工业革命开始以来，在 19 世纪中叶，大气中二氧化碳的浓度由 1800 年的 280 ppm（part per million，百万分之一）上升到了 2014 年的 400 ppm，而且在可预见的未来没有稳定点。对化石燃料的持续依赖极大地增加了长期全球气候变化的可能性，包括上层海洋的升温和酸化、

---

* 1 美加仑约为 3.8 升。——译者

冰川的融化、海平面的上升、风暴频率和强度的增加。我们已经开始生产一种我们自己制造的废品，它严重影响了我们居住的星球，而我们却没有一个简单的方法来解决这个问题。我们是否可以开发可再生的、环境可持续的、经济上可行的碳中和燃料？我们是否可以利用现有的基础设施直接取代以石油为中心的产品？正如我们即将看到的，我们对帮助拯救我们的微生物寄予了很多希望。但更意想不到的后果是追踪化石燃料问题。

化石燃料的发展导致了我们种植、收获、加工和运输食物方面的巨大变化。以前人们用牛或马来犁地，现在则可用具有石油驱动的内燃

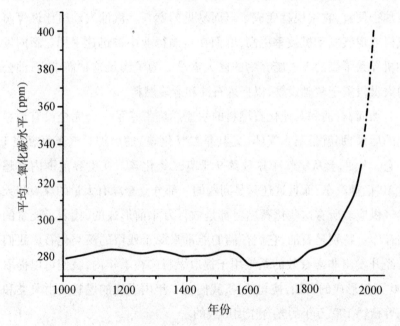

图35 公元1000年以来地球大气中二氧化碳浓度的变化。直到工业革命，大气二氧化碳浓度相对恒定在约280 ppm（即0.028%，与氧气相比：210 000 ppm，或21%）。自工业革命以来，这种气体的浓度几乎呈指数上升，在2014年达到400 ppm。不像氮和氧，二氧化碳是温室气体，会保留热量。这种气体在地球大气中的相对低浓度是控制气候的关键。二氧化碳变化曲线与人口增长曲线（见图34）惊人地相似。

机的耕种机来犁地。小麦、玉米和其他大量作物的收割,曾经是使人筋疲力尽的工作,现在可以用机器来完成了。谷物可以被运送到数百,甚至数千英里之外的人口中心,在那里有其他的内燃机和制造业核心区域。食物的价格下降了,从事食品生产的人数也相应下降了。同时,新经济体制中其他领域的人力需求在欧洲、美国和随后的其他国家迅速增长。新的人口中心变成了大城市。大规模的投资用于基础设施建设,特别是提供干净的饮用水和污水处理,增加了预期寿命,结果是有更多的人口要喂养。到了 19 世纪末,人们开始担心世界将耗尽那些对于工业化国家来说至关重要的肥料。

在 19 世纪后期,肥料的主要形式是鸟粪,即干燥的鸟类粪便。几千年来,这种材料已经在世界各地许多地区的海岸附近累积,在智利、美国佛罗里达州和其他几个沿海地区,鸟粪出口是当地的主要产业。但随着人口的增长,鸟粪的使用速度超过了其产生的速度。鸟粪的成本开始增加,人们已经认识到用另一种肥料取代鸟粪的必要性。但是它能被替换吗?

鸟粪中包含的最重要的植物营养素是铵等所谓的氮固定产物。氮最初是由海洋中的微生物"固定"成化合物,然后进入藻类,再进入小型动物体内,最后进入被鸟捕食的鱼体内。在 19 世纪的后半段,人们并不明白"固氮"是什么。直到 1901 年,荷兰的微生物学家拜耶林克(Martinus Beijerinck)证实,与豆科植物的根相关的细菌能将空气中的气态氮转化为植物可利用生长的形式。虽然作物轮作有助于恢复土壤中的氮(这项技术目前仍在使用),但人们意识到,如果不添加外部固定氮,我们就不能生产出足够的食物来养活自己。

1898 年,伦敦皇家学会(在 274 年前曾出版过罗伯特·胡克的《显微图谱》的那个机构)新当选的主席提出了一个挑战:"找到一个铵的替代品"来拯救"英国和所有文明国家"。新元素铊的发现者、著名的维多利亚时代科学家威廉·克鲁克斯爵士(Sir William Crookes)(是一个唯心论者)担心,除非人类在农业生产中固氮,否则到 20 世纪 30 年代，文明世界将会处于挨饿的状态。克鲁克斯所说的"文明"，是指以小麦而非"次级"谷物如大米为食物的人。当时还不清楚生物如何固氮，但很显然，鸟粪供应无法永远持续下去。化学家们接受了克鲁克斯提出的挑战。

哈伯（Fritz Haber）是一位脾气不大好的德国犹太化学家，他一直耐心研究，希望找到一种化学催化剂，结合高温高压条件，能够将构成地球大气 78% 的相当惰性的气体——氮气——转化为氨（氨溶于水时成为铵离子）。经过数年的尝试，哈伯通过一台大盒子大小的机器每小时能成功地制造一杯氨。这当然不是很大的数量，但说明这个化学反应是可行的。催化剂是基于铁的催化剂，并不是很难合成，但如果要将这个反应投入市场则需要巨大的投资。哈伯对市场营销不感兴趣，仅仅关心氨；他仅仅是一位科学家。

博施（Carl Bosch）是一个在德国化工公司巴斯夫（BASF）工作的化学工程师，对他来说，哈伯的发明给了他灵感。他说服巴斯夫的高层管理人员开发了一套试验装置，这套装置需要消耗大量的能源来生产氨，但它仍然是有价值的。煤炭一方面用于产生该反应所需的氢气，另一方面也用于加热反应容器中的两种气体从而制造氨。德国拥有大量的煤炭，而巴斯夫正是通过这一生产化肥的秘密途径而变得非常富有。直到现在，仅仅稍加修改的哈伯—博施反应（Haber-Bosch reaction）仍然是全世界氮肥生产工业的核心支柱。如果没有这个过程，我们几乎不可能养活 75 亿人，更不要说到 21 世纪中期再多养活 20 亿人了。

实际上，人类已经发明了大量的机器用来固氮，不再需要培育由自然设计的纳米机器以获得发生在数十亿年前微生物中的完全相同的过程。我们制造的飞机、火车、汽车、固氮工厂、污水处理设施、炼钢厂以及所有其他能源和材料加强的过程都是相对较新的发明。几乎所有的设计都是在过去两个世纪（自工业革命开始）完成的，但它们在设计之初并没有考虑到与在过去几亿年地球历史中形成的生物地球化学过程之间的兼容性。使用这些人造机器导致了地球化学性质的迅速改变。

对微生物来说,如果要使地球恢复到新的平衡状态,可能需要几百年甚至几千年的时间。

人类的固氮能力大大超过了地球上所有的微生物。世界各地的田地中被固定的氮被倾泻到河流和海洋中,从而导致藻类的爆发。爆发的程度往往非常之大,这些藻类死亡后沉降,然后被其他微生物降解,这个过程需要消耗大量氧气,随之而来的是鱼类死亡和一些气体如一氧化二氮(或者称为笑气)的排放。

笑气并不是一件好笑的事情。一氧化二氮的每一个分子都有相当于二氧化碳 300 倍的吸热能力,它是一种很强的温室气体。然而,关于在整个地球尺度上维持电子平衡的问题还有另外一个方面。

在第一次世界大战中,当德国与法国和英国交战时,火药开始变得短缺。火药的主要成分是硝石,它是一种硝酸的钾盐。硝酸盐是微生物将 1 个铵离子与 3 个氧原子结合而形成的另一种固氮分子。世界上可以开采硝酸盐的地方很少。硝酸盐很容易溶于水,下雨时,硝酸盐会在雨水中溶解,流入土壤或河流和湖泊。德国主要的硝酸盐来源是一个天然储库,位于智利的阿塔卡马沙漠,它是世界上最干燥的沙漠。

由于硝酸盐需要从南美洲运到欧洲,德国必须保护其硝酸盐供应。1915 年,在第一次世界大战期间,英国海军摧毁了保护硝酸盐供应的德国海军舰艇。德国的硝酸盐供应从此中断,从而导致了火药生产的停滞,造成弹药短缺。这可能是德国在第一次世界大战中失败的关键因素。不管怎样,当希特勒(Hitler)掌权德国时,他要求巴斯夫公司找到一条将氨转化为硝酸盐的途径。德国化学家完成了这一任务,因此到今天,世界市场上的肥料的主要来源仍然是硝酸铵,在自然界中它是不存在的(具有极高的爆炸性)。硝酸铵的生产是哈伯—博施反应的延伸,它回避了自然界中所有的微生物反应。

人类为了食物而产生的过剩的氮最后到哪里去了?微生物负责清除来自湖泊、河流和海洋中的多余的氮。它们是不为人知的我们全球废物的垃圾回收者。最终,微生物将肥料中大约 25% 的氮转化为硝酸

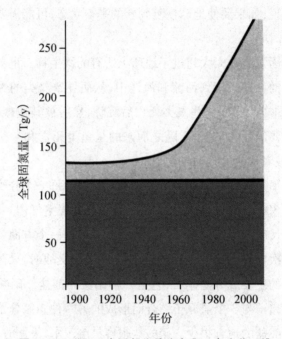

图36 20世纪以来固氮总量的变化。在哈伯—博
施固氮反应发明之前,所有的氮是由微生物在一小
部分闪电的作用下固定的。生物固氮大约是100
兆克(10^{12}克)每年(图中暗区)。在哈伯—博施反
应发明之后,人类的固氮量显著增加,目前已超过
自然生物固氮量的几乎2倍(图中亮区)。

盐,然后转化为氮气,同时形成少量一氧化二氮。同样的过程也发生在
污水处理过程中。

　　人类不断掠夺地球资源以填补和满足其需求和欲望的同时,不仅
影响了碳氮循环,也影响了几乎所有的化学元素的自然循环。其结果
是导致全球范围内基本生物地球化学循环快速且巨大的变化。这些周
期的平衡,在很大程度上是由微生物与地质过程共同控制和维护的,但
是已经被人类在一个非常短的时间尺度上以前所未有的规模打破了。
结果是,碳、氮、硫和许多其他元素的自然循环之间的关系被解离,这意味着这些周期变化正变得越来越相互独立。例如,在人类进化之前,碳和氮循环是紧密相连的。没有大量的氮流入河流。而在工业世界中,铵的生产与化石燃料的燃烧速度并没有严格的关系。

那么是否存在一个"关闭通道"?人类是否能与微生物共同居住在地球上,而不去掠夺那么多的资源和那么快地破坏它的化学成分?如果可以,我们怎样才能走上这条道路?

有一种方法是对微生物做工程化改造,这一方法已经越来越受重视。一个科学领域已经出现,即**合成生物学**(synthetic biology)。在这个领域中,科学家们试图设计微生物的代谢作用,使它们的固氮效率可以比自然状态下的固氧效率提高好几个数量级,或尝试生产石油的替代品,或尝试改造某种蛋白质以作为人造肉的原料。极限只出现在我们的想象中。让我们拭目以待,看看这种方法如何承载我们的希望。

第十章

修补匠

随着人类的进化,我们已经变得越来越像控制狂。几千年来,人类培育选择动植物、开垦土地、创造新材料、建造结构。我们可以使得河流改道以控制陆地上的水流,可以建造大坝以阻挡大海。我们制造出机器来运输食物、材料和我们自己。因此,我们在短短几十年的时间里开始研究微生物,这并不奇怪。正如我们将看到的,科学家希望通过转移、加强或沉默基因,使微生物为我们工作,而不必受制于自然选择。我们将是微生物代谢的创造者,将设计微生物来完成我们的指令。我们有能力这么做,但我们似乎并不理解微生物进化的潜在巨大后果,更不用说理解我们在改变地球未来轨迹中所起的作用了。

二十多年来,我一直在美国政府的国家实验室工作,它主要由能源部及其下属机构资助。国家实验室的设想和实际设计是以实现物理和化学领域的重大思想成果为目标,许多人准确地将这些重大思想成果联想为原子武器的发明和生产,这正是他们最初的意图。然而,国家实验室也往往有巨大的计算机和其他设备,如为了理解物质的性质而设计的高能对撞机、非常强大的显微镜,以及为了开发新技术和发现新成果而一起工作的工程师和科学家。

我每周都同那些曾与奥本海默(Oppenheimer)、费米(Fermi)、尤里和西博格(Seaborg)一起研究过原子弹的化学家和物理学家一起午餐。多数时候,我大部分的午餐同事都认为生物学是一种事后的想法。与物理学家不同的是,生物学家很少需要价值数百万美元(如果不是数千万美元)的机器。他们不像物理学家或甚至化学家那样以大尺度的方式思考。但在20世纪80年代初,能源部的几个科学家提出了生物学的一大挑战:人类基因组测序。其基本思想是开发可以快速且廉价地对生物基因组进行测序并将其转化为有用的信息序列的技术。

最初的反应并不是很积极。与大多数生物学家规划他们的研究不同,这个想法并不是基于一个特定的假说,而是希望收集和分析大量遗传数据的愿望。但是,当它最终被理解并实施之后,不仅改变了我们对人类基因组的理解,也改变了我们对环境中微生物的理解。它迅速地改变了**分子生物学**的新兴领域,使它成为生物研究的基石之一。

在分子生物学领域发展早期的指数发展阶段,有许多科学家作出了贡献,当我们重新叙述历史时发现其中不可避免地充满了遗漏。然而,在20世纪其他基础发现的帮助下,三个主要发现促进了我们在微生物中进行水平基因转移的能力,从而可能改变进化的过程。水平基因转移的概念很简单,正如我们在前文看到的,微生物总是将基因从一个生物体移到另一个生物体。但是,人类可以将基因从一个生物体移到另一个生物体,而不存在性别和自然选择的混乱问题,这个概念意味着我们有可能"设计"微生物。我所选择的导致遗传工程发展成熟的关键事件是基于历史的,因为它反映了我们作为一个物种的未来以及我们后续将微生物作为我们救星的投资。

最重要的发现之一是由在洛克菲勒医院(现在是洛克菲勒大学的一部分,核糖体的发现者帕拉德亦是在该大学工作)工作的出生于加拿大的医生埃弗里(Oswald Avery)与麦克劳德(Colin MacLeod)和麦卡蒂(Maclyn McCarty)作出的,他们在1944年报道了DNA是遗传信息的载体。早期的实验很简单，但意义深远。埃弗里和他的同事使用了1928 年已经发现的**转化**技术，这是今天进行水平基因转移实验的基础。早期转化是在聚生体中水平基因转移的背景下被讨论的，但其具体的发生机制并不清楚。

多年来，微生物学家们了解到微生物中有几个不同菌株或**血清型**（serotype）具有共同的遗传背景。事实上，以大肠杆菌为例，它最初是在 1895 年由德国医生埃舍里斯（Theodor Escherich）在健康人的粪便中发现的，后来发现，大肠杆菌的一些变种如果被摄入的话会致人死亡。同样，英国的微生物学家格里菲思（Frederick Griffith）发现，导致人类肺炎的肺炎链球菌（*Streptococcus pneumoniae*），在健康的成年人中同样存在，却并没有引起疾病。

格里菲思分离出一株致病的细菌，加热灭活之后，将它们注射到小鼠体内。小鼠存活。但如果他将热灭活的致病菌株和活的非致病菌株混合，然后注射到小鼠体内，则小鼠死亡。格里菲思不知道在分子水平上发生了什么，他将这种现象称为"转化现象"。从本质上说，格里菲思可以通过**灭活**的致病微生物的悬浮液将非致病的微生物转变为致病的微生物。它几乎像魔术一样。他在 1928 年发表了他的研究结果，并将其单位写为"来自病理学部实验室"，显然，"病理"这个词的讽刺意味在过去的一个世纪里也已经发生了演变。

埃弗里对格里菲思的实验非常怀疑，并开始重复它们。很长一段时间之后，他得出结论：作为一个严谨的研究者，格里菲思是正确的。所以这中间到底发生了什么？

为了推断转化物质的实体是什么，埃弗里和他的同事们将分离自致病菌株的灭活微生物与能够降解蛋白质的酶类一同放在培养基中。当时，大多数生物化学家认为蛋白质是遗传信息的携带者，因为它们在真核细胞染色体中被发现，而且由 20 种不同的氨基酸组成，可以充分保证遗传性状的多样性。因此，人们合乎逻辑地认为：这些分子携带着遗传信息的关键。埃弗里和他的同事们重复了格里菲思的实验，但有一个不同点是：当他们将热灭活的致病菌株与能降解蛋白质或 RNA 的酶共同培养，然后将培养液注射到小鼠体内，小鼠死亡。但是当他们添加一种降解 DNA 的酶时，小鼠存活。他因此认为 DNA 携带了从灭活的致病菌株到非致病菌株的遗传信息。这是一个不同寻常的发现，因为它开始把科学界的关注点放在 DNA 的性质上。同样不同寻常的是，在那个时候，在他的时代，至少可以说，埃弗里和他的同事们在很大程度上并不被认可。他们的工作几乎被忽视了。蛋白质作为遗传信息载体的倾向性观点是如此根深蒂固，以至于埃弗里和他的同事们发表的论文被认为是一种实验的人为误差。这是现代学术界认知失误的一个例子。许多生物学家认为，埃弗里和他的同事们得到的转化子被微量的蛋白质污染了。

进入莱德伯格（Joshua Lederberg）的年代，他是一位拉比 * 的天才儿子，出生在新泽西，成长于纽约市的华盛顿高地地区，在图书馆中度过了他青年时代的大部分时光。他十分重视埃弗里的论文，着手寻找转化因子，在这样做的过程中，莱德伯格通过揭示微生物转化的"神奇性"而改变了生物学。他和妻子埃丝特（Esther）用病毒颗粒将遗传信息转入到细菌中，这个过程我们称之为**转导**（transduction），已成为基因工程的特征之一。这个过程是基于将一个环形的 DNA 片段插入细菌，即莱德伯格所谓的**质粒**（plasmid）。质粒可以在细菌内自我复制，但仅在后者的染色体外。这是一个外来入侵者，能够在宿主细胞中将细菌的复制系统优化用于复制外来的 DNA 分子。莱德伯格发现质粒可以让宿主细菌抵抗抗生素导致的死亡。随着这一发现，莱德伯格成为实验室中由人类设计的水平基因转移的先驱，这为人类提供了一种破坏微生物进化的新方法。莱德伯格在 33 岁时获得了诺贝尔奖。

在莱德伯格和其他人所作贡献的基础上，生物学家现在可以设想

---

* 拉比指接受过正规宗教教育，熟悉《圣经》和口传律法而担任犹太教教会精神领袖或宗教导师的人。——译者

将基因插入几乎任何生物体。原则上,人类可以成为生物宇宙世界的主人。为了我们的利益,生物体的基因组可以像猎物一样被捕获,因此我们可以找到使我们通过抵抗或治愈疾病而长寿的药物或基因。(有点讽刺的是,莱德伯格在 82 岁时死于肺炎,而导致肺炎的正是他学生时代研究的第一种微生物。)但是为了通过转化来设计生物,我们需要了解 DNA 如何编码特定的蛋白质。作为**基因**设计者,我们需要了解大自然是如何创造基因的。

DNA 结构的发现是一个极具传奇色彩的故事。DNA 是一种只有 4 个重复的环状分子的聚合物,核苷酸通过磷酸键与一个五碳糖相连形成链。链中唯一的变化在于碱基,由于它只有 4 种,因此 DNA 似乎缺少变化。如果埃弗里和莱德伯格是正确的,那么 DNA 的结构应该能揭示"魔法",但起初它并没有。

分子基本结构的建立是基于 1952 年伦敦国王学院的富兰克林(Rosalind Franklin)和戈斯林(Raymond Gosling)所拍摄的一张单一的 X 射线衍射照片。1953 年 4 月 25 日,权威的英国杂志《自然》发表了一系列环环相扣的论文。第一篇论文的作者是剑桥大学的克里克(Francis Crick)和詹姆斯·沃森(James Watson),他们基于威尔金斯(Maurice Wilkins)和富兰克林尚未发表的 X 射线图像提出了一种 DNA 结构。第二篇独立的论文来自伦敦国王学院的威尔金斯实验室,它展示了一个粗略的 DNA 分子的 X 射线图像。第三篇论文来自富兰克林和戈斯林,文章展示了他们自己获得的更高分辨率的衍射图像。所有三篇论文都推断 DNA 分子可能是一个螺旋结构,但沃森、克里克和威尔金斯提出它是一个双螺旋。因为在发现 DNA 结构方面的贡献,沃森、克里克和威尔金斯共同获得 1962 年诺贝尔奖。1958 年,富兰克林在 37 岁时因卵巢癌去世,因此失去了获奖的资格。

当时,人们已经很清晰地认识到,DNA 分子是遗传信息的关键。它通过某种方式编码了蛋白质中的氨基酸序列,但从分子的 X 射线衍射分析中重建的 DNA 结构,却并不能清楚反映出其所能包含的蛋白质合成的信息。DNA 中只有 4 种不同的核苷酸。在非常特异的序列中，4 种核苷酸编码的信息系统如何能介导有 20 种氨基酸的蛋白质的形成？

对基因密码的阐明，也许比阐明 DNA 结构更具独创性。在埃弗里和其同事的工作以及富兰克林、戈斯林、威尔金斯、沃森和克里克的双螺旋结构的分析工作之后，人们很快就意识到，由于 DNA 中只有 4 种核苷酸，而蛋白质包含 20 种氨基酸，因此必须有 1 个以上的核苷酸编码 1 个氨基酸。最小的数目必须是 3 个核苷酸。这个逻辑是基于简单的数学推算。2 个核苷酸能产生的所有可能的组合为 $4^2 = 16$ 个氨基酸，这是不够的。然而，如果有 3 个核苷酸，则可能的组合是 $4^3 = 64$，这是绰绰有余的。通过在一种感染大肠杆菌的病毒中使用插入和删除 1 个单核苷酸的技术，克里克所带领的团队[其中包括一个离经叛道的科学家：布伦纳(Sydney Brenner)]开展了细菌遗传密码的研究。他们发现，在一个特定的 DNA 序列中，一组 3 个核苷酸特异性地编码 1 个特定的氨基酸。他们的工作可以说破译了密码——了解生命的遗传的"罗塞塔石碑"*。但是，这也同时带来了相关的问题。

对于大多数氨基酸而言，在一个序列中有一组以上的 3 个核苷酸编码相同的氨基酸。从 DNA 序列的信息，人们可以推断出该基因编码的蛋白质的氨基酸序列。但是，这种信息是简并的，也就是说，我们不能从蛋白质序列的信息推导出确切的 DNA 序列。了解 DNA 世界语言中的"词"，也就指明了蛋白质世界中氨基酸的意义。但是知道蛋白质中氨基酸的"词"，却并不能使其被真实地翻译为 DNA。理解生物体如何工作的一个大问题似乎在于了解 DNA 中编码的指令是什么。这个问题导致了另一项技术挑战：DNA 如何被测序？

蛋白质、RNA 和 DNA 都是聚合物，任何生物聚合物的测序都面临

---

* 罗塞塔石碑是一块制作于公元前 196 年的、刻有古埃及法老托勒密五世诏书的石碑。因其同时刻有同一内容的 3 种不同语言版本，它成了考古学家解释古埃及象形文字的可靠线索。——译者

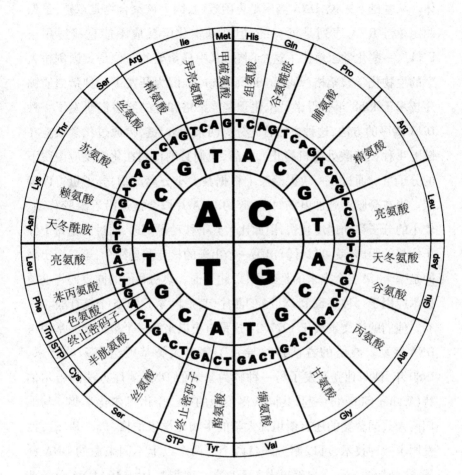

图 37 密码子轮盘。这是 DNA 中单个碱基或核苷酸如何编码蛋白质中特定氨基酸的罗塞塔石碑。每种氨基酸的密码存在于 3 个核苷酸组成的序列中，它被称为密码子。从轮盘的中间开始向外展开，我们可以从 DNA 序列来推断哪种氨基酸被编码。比如，AGC 的序列编码丝氨酸（serine），而 ACC 则编码苏氨酸（threonine）。除了甲硫氨酸（methionine）和色氨酸（tryptophan）以外，所有的氨基酸都有多个可能的密码子。

着巨大的挑战。该反应必须以特定的顺序切断母体聚合物中的每个单体。从基础上来说,DNA 测序是更困难的,因为该聚合物是双链,虽然测定单链 RNA 序列是可行的,但其基本化学反应不能直接适用于DNA。一些化学家解决了这个问题,其中最重要的一位是英国剑桥大学的生物化学家桑格(Frederick Sanger),他因为开发了一种蛋白质测序技术于 1958 年获得诺贝尔化学奖。桑格和他的同事们研发了一种DNA 测序的方法,这种方法首先分离两条 DNA 链,再通过化学反应在链上 4 种核苷酸处随机终止。然后,他们必须得到在化学反应中留下的分子量。通过在一块大凝胶上根据其大小分离产物,分子量得以确定。当在凝胶上施加电场时,切碎的 DNA 片段会被迫沿着凝胶移动。较小的分子移动速度较快,因此比大分子移动得更远,通过测量每个分子位移的距离,就可以计算出第一个出来的核苷酸是哪个,第二个出来的是哪个,第三个出来的是哪个,以此类推。桑格和他的同事们将这项技术应用于一种病毒 PhiX174 的测序,其中包含了 5375 个核苷酸。

他们的论文发表于 1977 年,这是有史以来第一个被记录的基因组DNA 序列。桑格的方法最终导致了测定人类基因组序列的技术。1980 年,他与独立开发了另一种较为繁琐的 DNA 测序方法的吉尔伯特(Walter Gilbert)一起,共同获得了他的第二个诺贝尔化学奖。与他们两人共同获奖的还有斯坦福大学的生物化学家伯格(Paul Berg),他发明了一种技术,可以制造来自两个或两个以上不同来源的 DNA 分子,这种新的分子在自然界中并不存在。这些人为构建的 DNA 分子被称为**重组** DNA(recombinant DNA)。这三个人的贡献改变了世界,其意义不亚于 DNA 结构的发现,甚至可能更加重大。

桑格所发明的基本的链终止测序方法并不适用于大的 DNA 分子测序。为了解决包含 23 条染色体的人类基因组的测序问题,DNA 必须被切成小段。单个片段可以被测序,序列之间的随机重叠可以被匹配然后重建整个基因组。这一技术被命名为**鸟枪法**测序(shotgun,这个词是由桑格新创的),早前是为了微生物测序而开发的,之后被文特尔(J. Craig Venter)及其同事应用于人类基因组。事实上，虽然测序的技术方面已经非常困难，但重建每个染色体上的基因的顺序更具挑战性。经过几年的努力，结果显示我们人类的基因组包含超过 32 亿碱基对，但其中只有大约 1.5% 编码蛋白质。这是人类基因组测序项目中发现的最大惊奇之一，我们只有大约 2 万个蛋白编码基因，远远低于人类基因组测序之前的预测值，仅仅比简单的蠕虫高出 2 倍。因此，超过97% 的人类基因组包含非编码区，这在微生物中是不存在的。也许具有讽刺意味的是，人类基因组测序向我们揭示了：相当小的基因变化就能导致动物更高级的组织模式。制造出能提供能量并允许蛋白质合成、离子运输和基本代谢的机器的基本指令，都是以数十亿年前进化的微生物衍生的基因平台为模板的。

在得到能源部的资金支持后，人类基因组测序项目推动了在 DNA自动测序仪上的巨大投资。事实上，以罗格斯大学的我的同事们为例，我们在基因组常规测序上的成本低得难以想象。当桑格开始 DNA 测序时，成本约为 75 美分/核苷酸；而 2014 年它的成本不到 0.001 美分。换言之，在 2002 年，当人类基因组计划进行得很顺利时，估计人类基因组测序的成本将达到 1 亿美元；现在正接近于 1000 美元，而且几乎肯定会在未来几年内变得更低。

伴随着令人难以置信的测序成本的下降，计算机的计算能力和互联互通性能则大幅提高。现在，DNA 序列可以通过互联网实时发送，在几毫秒内得到与已知 DNA 序列的最佳匹配，新鉴定的序列从而可以被归于细胞中某个可能的功能。

随着计算能力的提高，更高效、更廉价的测序技术和基因比对的新算法不断出现。事实上，这些技术变得如此便宜、仪器如此普及，以至于美国国家实验室已经出现产能过剩。多余的测序能力很快迅速扩散到世界各地，如法国、德国、英国、中国、日本、韩国、印度。那么该拿它来做什么呢？

在人类基因组计划开始后不久，位于华盛顿特区能源部门的项目负责人加拉斯（David Galas）来到布鲁克黑文国家实验室了解生物学家们在做什么。实验室主任让我作了一个简短的报告，关于我在研究特定的单细胞藻类如何产生更多或更少特定蛋白质来响应光的变化方面所作的努力，这一现象对海洋浮游植物来说是极其重要的。加拉斯问我是否能召集一个会议，探讨如何将新的测序和计算技术应用于认识环境中微生物的分布。我欣然接受了这个机会。

在这次会议上，我和大约60名来自全国各地的同事一起，起草了一份将最终实现对海洋、土壤、空气、湖泊、岩石、冰，事实上所有能想到的环境中微生物的大规模DNA测序的白皮书。其结果是，来自海洋微生物基因组的序列以难以想象的飞快速度产生，并且已经发现了数以百万计的新基因。这些信息是一个有效的宝藏，这些未开发的生物潜能可以被人类转入到基因工程改造的微生物中，用于执行任何我们想完成的任务。

理论上来说，在一个电子装置上点击一下，一个基因或多个基因，甚至是一个完整的基因组，就可以被发送到全世界范围内进行分析、重塑并重新分配。几乎任何基因都可以被合成并插入微生物中。这种基因功能的自由贸易不受限制，导致了与微生物不断升级的战争。

在21世纪初，随着基因和基因组测序变得如此廉价和高效，科学家们开始从单一生物的基因组测序转向对几乎任何有潜在兴趣的环境中的微生物群落进行测序。计算机算法检测到的基因名单猛增。在地球上已经发现了数以百万计的微生物基因，而且它们被发现的速度还没有显示出减缓的迹象。这个基因清单代表了一个"零件清单"，用于制作自然界中已经设计并存在于现存生物体中的任何蛋白质的"食谱"。那么我们能制造新的零件吗——那些在自然界中不存在的或从未有过的零件？

简短的回答是：我们能。

生物学领域的一个分支已演变成追求设计微生物、代谢方式以及微生物中的代谢途径，使得微生物更高效或赋予它们以前从未有过的特性。我们能否制造一种可以降解塑料的生物,或将放射性物质固定于土壤中,或者创造一种替代燃料,或者一种新型材料?对这些问题的思考并非纸上谈兵。它们正在发生。

世界上数千个实验室正在使用莱德伯格的质粒和伯格的重组DNA,将一个或多个基因插入到某种微生物中。绝大多数这些实验是良性的,被用于验证关于特定基因如何发挥作用的假说。但是,水平基因转移的一个重要部分被用来操纵自然界中我们希望去改变的某个特定反应;例如,从头制造一种新的光合生物。

人类基因组序列显示我们几乎没有特殊的基因。如果我们灭绝了,微生物的世界将继续执行它们的功能,并进入新的稳定状态,从而使它们的新陈代谢综合起来用于维持一个宜居的星球。事实上,从进化的角度来看,人类进化是一个暂时的生物介导的化学反应扰动。总之,我们是破坏了天然的地球化学循环的自然界的怪胎。无论怎样,我们都需要微生物。

我们已经成为微生物进化的补锅匠,虽然我们最初并不明白我们在做什么。这些尝试目前仍然是学术性的活动,但它们并不是微不足道的。例如,文特尔和他的同事们一直在试图创造一种微生物,它们的遗传信息完全由人类利用计算机设计,并在实验室中合成,最后被注入已经通过基因工程去除自身遗传信息的宿主细胞中。宿主细胞只是一个用来装载完全由人类设计的基因组的容器。

大多数合成生物学家不关心地球系统,他们专注于制造一种更好的固氮微生物,或者更好的是,将固氮基因直接导入到我们赖以生存的作为食物的谷物中。合成生物学家想制造一种区分二氧化碳和氧气的核酮糖 – 1,5 – 双磷酸羧化酶/加氧酸(Rubisco),并将这种新的、更好的酶传播到植物世界中。微生物和其他生物每天尝试作出的改变的清单几乎是无止境的。这些努力大多是高尚的尝试,希望为人类开发一个可持续的未来,但是,人们很少考虑到,他们缺乏对地球上生命进化轨迹的意外后果的了解。

在地球的历史长河中,人类只是一种转瞬即逝的动物,在我们短暂的历史中,我们却已经成为了自从蓝细菌开始制造氧气(作为它们新陈代谢的废物)以来,破坏性最强的生物力量之一。我们是现代生物界的布尔什维克。像蓝细菌一样,我们可能会打开潘多拉盒子并造成意外后果。我认为,不要去修补我们无法逆向工程化的生物,更好地使用我们的知识能力和技术能力的做法是,去深入了解核心的纳米机器是如何进化的,以及这些机器是如何蔓延至整个地球从而成为了生命的引擎。

为什么?微生物是地球的管家,我们很难理解它们是如何进化出一套能使电子和元素在其表面移动的装置的。最终,电子流使地球变得适合我们居住。我们对这些电子通路如何工作的知识知之甚少,更不用说知道如何去控制它,但是出于傲慢和对更多资源贪婪的需求,我们胡乱地修补并在不经意间破坏着这些通路。值得庆幸的是,在微生物控制的电子通路中有如此多的冗余,我们几乎不可能严重破坏它,但这并不能阻止我们一直的尝试。

在它们进化历史的进程中,微生物使得地球适合它们自己,最终也适合我们居住。我们只是这趟进化旅途中的乘客;然而,我们正在胡乱地修补那些我们能够控制的生物。如果不约束我们自己,我们将会无意中设计并释放那些会从根本上破坏全球范围内电子平衡的微生物,这只是时间的问题。那将可能是灾难性的。

第十一章

火星上的微生物与金星上的蝴蝶?

很少有如此意义深远的科学问题:我们是孤独的吗?

对这个问题的回答有可能永久地改变我们对自己的认识。如果我们不是独一无二的,那么还有什么其他的生命形式存在? 它们如何起源? 它们生活的星球环境条件如何? 正如我们尝试了解生命如何起源于我们这个星球以及这些不同的纳米机器如何整合到曾经存在及仍在这个星球上生活的所有生物中一样,我们同样要问:是否有相似的纳米机器在太阳系的其他星球上或者在远离我们的围绕其他恒星旋转的行星上进化? 如果有,我们如何知晓?

自从伽利略发现木星的卫星围绕这颗行星运动并且地球不是宇宙的中心以来,我们花了很长的时间才认识到我们的星球不过是浩瀚宇宙中一个不起眼的小不点。以我们望远镜目前的放大能力,尚不足以观测到起源于大约 140 亿年前的宇宙大爆炸的恒星发出的光芒所形成的视界边缘。尽管我们的天文望远镜已经出奇地复杂,但在观测几光年以外的行星时其分辨率远远低于我们 21 世纪初最好的显微镜。我们能够观测到天体运动并评估其大小,但我们还不知道地球以外是否还有生命存在。我们仍无从得知人类是否孤独。

从那些只有少数人(如果有的话)能够理解的科学证据来看,我们认为宇宙在不断扩张,它包含了数十亿个星系。我们目前只能说,此刻我们的行星是独一无二的。它是我们所知唯一带有生命的星球。所有生命都由微生物所带有的纳米机器构成,由此代谢所释放的气体可直接指示生命的存在。我们的星球不仅宜居,而且已经被定居。

地球的唯一性这个问题在我生命的绝大部分时间中都困扰着我。这是世界各地的孩子们在仰望星空时提出的问题,他们想知道生命如何起源于我们这个星球。这是个也许能回答的问题。答案就是:微生物不断进化,应用它们的纳米引擎创立了一个全球规模的电子市场,进而改变了我们这个星球的大气以及星球本身。

在我们的太阳系中,还有两个星球可以在可预见的时间内用以火箭为动力的着陆器到达:金星与火星。今天这两个星球与地球非常不一样,但在几十亿年前,情况可能并不是这样。

尽管金星的质量是地球的大约80%多一点,但它的表面并没有水,而且它被厚厚的二氧化碳所覆盖,这些二氧化碳来源于数以千计的火山喷发。大气层如此之厚,以至于金星表面的大气压大约为地球表面的100倍。如果我们能够站在金星表面,我们所承受的压力大约等于地球海平面以下1000米的压力,这个压力可使我们缩减到1/10长度,同时我们还将被煮沸。

作为温室气体,厚重的二氧化碳层吸收并捕获太阳辐射,使得金星成为太阳系中最热的行星。温度如此之高,使得铅可以被熔化。但有证据表明,早期的金星表面温度比现在低得多,可能有液态水存在。金星上是否有生命存在过还是一个未解决的问题,但由于现代极端高温导致岩石表面发生蚀变,无人着陆器非常有可能无法发现曾经有生命存在的迹象。火星的故事则完全不同。

今天的火星表面极其寒冷、干燥,只带有薄薄的大气层。火星比地球小很多,其内部的辐射芯已经耗尽,不能使这个星球内部产生足够高的温度以释放对生命极为关键的二氧化碳和其他气体。在距今超过5

亿年的时间内,火星表面没有显著的火山活动。它的表面覆盖着早期火山喷发形成的熔岩、松散的沙尘颗粒,以及一些零散的巨石与撞击坑。火星成为探寻地外生命的首要目标已经有几十年了。从概念上说,金星、火星和地球一样,能够诞生生命,但似乎只有地球中了彩头。

尽管我们人类可能是控制狂,但也缺乏安全感,期望确信在我们摧毁地球后,能够找到一颗相邻的行星避难,火星似乎是一个可考虑的候选者。

1975年,在人类实现首次月球行走6周年以后,美国国家航空航天局(NASA)在三周内向火星发射了两个探测器。这两个探测器,"海盗1号"和"海盗2号"(Viking 1 and 2),担当了当时太空计划中最具雄心的任务。每个探测器都由两个部分组成:一个轨道器和一个着陆器。在随后的4年里,轨道器拍摄了超过50 000张照片。以此绘制出火星表面地图。当然着陆器不仅仅是探测器的展示品,它们装载了能在这个红色星球表面探测生命迹象的仪器,不管这些生命是现存的还是曾经存在的。这些仪器经过特殊设计以搜寻活性土壤中微生物可能产生的气体,也搜寻它们代谢的或产生的有机物。

这个计划的生物项目部分是非常有魄力的。该项目由一位受过普林斯顿大学培训的生物学家索芬[Gerald Soffen,也被称为Jerry(杰里)]所领导。在第二次世界大战期间,他是一位没有武装的救护车司机,操着克利夫兰口音的犹太语,他劝降了一个排的担心被苏联军队俘虏的德国士兵。这次他重操旧业,说服NASA当局去探明地球以外是否有或者曾经有生命存在过。

那个时候探索火星的"海盗计划"耗费超过10亿美元。杰里召集了一个科学咨询委员会,其中包括莱德伯格和尤里。杰里很有远见地要求工程师们建造可以在火星极端条件下工作的仪器。这些仪器要足够轻便以能够发射升空,同时足够皮实以能够忍受数年的高剂量宇宙辐射。

无论如何,这些仪器运行完美,获取了火星土壤样本并检测出有机物成分,这是指示火星上有生命存在(过)的第一个标志。初步的结果是引人注目的,但深入探究后发现,火星表面还是没有非常明确的生命存在(过)的证据。火星曾经存在液态水与火山活动——它们被认为是导致地球生命形成的两个关键因素。随后的几十年间,"跟着水走"成为 NASA 的口号,我们一直在追寻这一线索,随后又有多次火星探测任务,但至今为止,还没有找到真正令人信服的生命存在的证据。

"海盗计划"团队意识到,至少存在一个潜在的、也许可以避免的与寻找火星上生命存在的证据有关的问题:来自我们地球环境的污染。通常,一些微生物或者其他生物会无意中搭上去往火星的探测器。NASA 决意要避免微生物污染这一问题发生在着陆器及所带设备上。事实上,"海盗"探测器的着陆器被严格除菌并得到了一丝不苟的保护,以确认相关证据能回答火星上是否有生命存在这一问题,并避免所记录的结果只是由地球上搭便车的微生物造成的。但是,当取样车返回地球的时候,这个问题可能更加棘手。

在 NASA 总部(位于华盛顿哥伦比亚特区,300E Street SW)的三楼有一间办公室,其名字是前卫且引人注目的:行星保护办公室(planetary protection officer, PPO)。PPO 负责将地球微生物通过着陆器污染火星、其他行星、卫星和前行星等的可能性降到最低。如果我们从其他星体带回样本,PPO 还要负责确保这些样本不会杀死我们或者不会永久性地改变地球环境。这是一项有趣的工作,作为鸡尾酒会上开场的调侃段子再合适不过了,但这项工作本身是严肃的,并且不无道理。

如果我们在火星上寻找生命存在的证据,我们会看到其进化过程与地球上纳米机器结构的进化相同吗?这种可能性非常、非常小,除非我们的祖先起源于火星然后通过陨石转移到地球,或者相反。这听起来有点牵强,但确实有火星陨石降落到地球。最有名的火星陨石是由一群乘雪地车在南极阿伦山地区考察的地质学家于 1984 年发现的。花了一段时间,科学家们才发现这块 1.8 千克重的石头不是普通的陨石。

阿伦山陨石被命名为 ALH84001，来自 41 亿年前的火星上的岩石。这颗陨石由于另外一次陨石撞击而脱离了火星引力并于 13 000 年前到达地球。科学家们花了大约 10 年时间才理解了这块石头潜在的重要意义。1996 年，NASA 约翰逊航天中心（NASA's Johnson Space Flight Center，位于得克萨斯州休斯顿附近）的麦凯（David McKay）和他的同事们提出，通过对这颗陨石的显微观测，他们发现了火星存在生命的证据。

证据是什么？有几条：首先，陨石中有微球形的碳酸盐。碳酸盐在地球上的形成需要水。在那个时候，发现早期火星上存在水是很引人注目的。不仅如此，在碳酸盐微球内部还发现了蠕虫状的类似微生物化石的结构。这的确令人吃惊，但这个结构太小，以至于不能确定它是否真是微生物化石。地球上的微生物没有如这块陨石上的结构这么小的尺寸，如果这种细胞真存在的话，它的基因组已经被难以置信地简化了。然而第三个证据来源于陨石中非常小的磁铁矿颗粒的发现，这种铁的氧化物在地质环境中很常见。这些小颗粒非常精致，与趋磁细菌中的磁铁矿颗粒非常相似。此外，细菌产生的磁铁矿颗粒排列整齐，像微型的珍珠串。这些成串的磁性颗粒让细胞能感受磁场。陨石中成串排列的磁铁矿晶体与趋磁细菌中的磁铁矿颗粒一样整齐，这无疑是生命存在的最有力的证据。

描述在火星上发现生命存在证据的论文于 1996 年 8 月 6 日发表于全球最有名的科学杂志之一《科学》（Science）上，引发了人们的关注并重新激起人们在这颗红色星球上寻找生命的热情。当时的美国总统克林顿（Bill Clinton）于论文发表后的第二天，在白宫南草坪举行了新闻发布会，他说："今天跨越了数十亿年、数百万英里外的陨石 84001 告诉我们地外生命存在的可能性。如果这一发现得到证实，将是科学研究在未知宇宙中最重要的发现。它的意义是如此深远且令人惊叹，让人难以想象。即使它未来的结果回答的是一个最古老的问题，它还是将带来其他更基本理论的更新。"这一演讲充斥了世界主要报纸的头

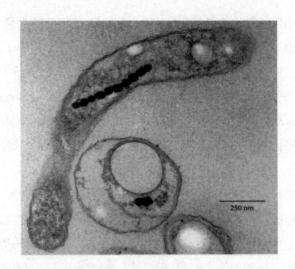

（A）

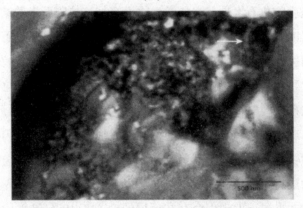

（B）

图38 （A）电镜图显示细菌中成串排列的磁性颗粒
（磁铁矿）形成**磁小体**（magnetosome），它们帮助细胞感
受磁场。这种结构非常细小、精确、高度组织化。它由
细菌产生和控制。［图片由小林敦子（Atsuko Koba-
yashi）提供］（B）扫描电镜图显示阿伦山陨石抛光样品
（ALH84001）中磁铁矿颗粒长链（右上角沿着箭头）。这
种结构与趋磁细菌中发现的结构类似。［图片由维尔茨
霍斯（J. Wierzchos）和阿斯卡斯科（C. Ascasco）提供］

版并为 NASA 带来了全新的研究计划。

尽管对阿伦山陨石微结构的解释还存在较大争议,但它将人们的注意力集中到了科学中两个最核心的问题上:生命从哪里起源? 我们是否孤独? 许多科学家还有一个问题:我们来自火星吗? 基尔施维克有时候主张,地球上所有的生命来源都与来自火星陨石的污染有关。

随后对于 ALH84001 的分析还是难以对火星生命是否存在达成一致意见。绝大多数地质学家现在不认为陨石具有微生物化石存在的令人信服的证据,但磁铁矿颗粒为何成串排列之谜还没有解开。无论如何,这块陨石的研究确实激发了对火星过去和现在是否存在生命的重新研究。

杰里说服 NASA 的领导人戈尔丁(Dan Goldin)发射新的着陆器到火星并在宇宙其他地方寻找生命。为了确保这不是 NASA 一时兴起,杰里说服 NASA 启动了**天体生物学**(astrobiology)计划,并于 1998 年监督创建了天体生物学研究所。这个研究所最有趣也最重要的工作是在我们的太阳系内外寻找生命存在的证据。

这个千禧年的前 20 年,NASA 在火星上成功放置了多辆火星车,它们都携带了复杂的搜寻一切生命存在证据的装备。它们努力去搜寻与生命活动有关的气体,比如甲烷和一氧化二氮,这些气体成分可以指示微生物活动,但并不是有微生物存在的证据。迄今,相关信号并未指示明显的结果,更谈不上得出任何结论。未来 10 年还会有更多的太空旅行,科学家们计划从火星带回土壤和岩石样本进行更加深入的研究。从工程技术上来说,太空旅行是可行的,关于火星的历史,我们已经了解了很多。但同时我们的视线不断投向远方,去搜索这一问题的答案:我们是孤独的吗?

1972 年,作为"阿波罗计划"的一部分,NASA 发射了第一个空间望远镜。这个仪器记录了紫外光。在地球表面,紫外光的绝大部分被大气所吸收。这是继伽利略发现木星的卫星以来,我们关于宇宙的最重要发现的开始。

望远镜可以用来探测光线,但不一定需要穿透地球大气层。空间望远镜的分辨率很高,可以观测非常遥远的星体。它们能够观测到在我们的银河系中极其微小的光的变化。

1998 年,加拿大天文学家坎贝尔(Bruce Campbell)、沃克(Gordon Walker)和杨(Stephenson Yang)报告了距离地球约45 光年的双子星少卫增八(Gamma Cephei)光波波长的周期性变化。双子星由两颗恒星组成,围绕一个质量核心轨道运转。这三个天文学家发现的波长变化是由于光吸收的微小快慢变化所导致的,这被称作多普勒频移。他们指出多普勒频移是由于一颗行星围绕其中一颗恒星运转所导致的,这样会使恒星的轨道受到行星轨道的影响。他们称这颗行星为少卫增八 Ab。这篇报告受到不少质疑,直到 2002 年才被证实。少卫增八 Ab 成为在我们太阳系以外发现的第一颗行星。但到了 2014 年,已经有大约 2000 颗系外行星被发现,而且每年还会新增数百颗。但我们如何才能知道这些行星上有没有生命? 它们离我们如此遥远,即使是最近的系外行星,到我们的重孙辈都不可能在上面着陆探测车。让我们看看这是为什么。

两个太空探测器,"旅行者 1 号"和"旅行者 2 号"(Voyager 1 and 2),发射于 1977 年,于 2013 年经过 180 亿千米的飞行离开了太阳系。平均速度为约 5 亿千米/年。以此速度,它们可以在 80 000 年后到达距离地球最近(4.2 光年)的恒星比邻星。我不认为我们可以等待这么长的时间来知道我们是否独一无二,特别是如果比邻星没有可供生命栖息的行星的话。幸运的是,我们还有其他手段可用来搜寻太阳系以外的生命。

首先是多普勒频移,如上所述,这是因为恒星轨道受围绕其的行星轨道影响所导致的变化。这一效应产生了直截了当的结果:带有行星轨道的恒星有自己的轨道。行星轨道可以通过恒星光谱线造成的光的波长的变化检测出来。当恒星朝向我们(或空间望远镜)有小的运动时,光的谱线向蓝光方向移动(波长变短);当它远离我们时,光的谱线则向红光方向移动(波长变长)。行星体积越大,效果越明显。因此目前发现的行星都是大体积的,相当于木星和土星。这些行星的体积是地球的数百倍,多数都没有海洋和陆地,很难想象会有生命存在于这些星球上。

还有第二种手段可以探测行星。其原理是当行星运行到它的恒星前方时会导致光的微小变化。尽管和想象中的困难一样大,不管是空间望远镜还是地基望远镜都能监测到这种被称为"凌"(transit)的现象,即使这些恒星远离我们 10 光年,从天文学的角度来说,这个距离就是我们走到后花园的距离。监测的原理很简单:当一颗行星运行到它的恒星前方时,恒星的亮度略低于行星在恒星另外一边时的亮度。这个光亮度差别被我们的望远镜记录下来,结合恒星大小,我们可以推断出行星大小。行星越大,被阻挡的光越多。如果通过"凌"现象我们知道了行星的体积,通过轨道变化引起的多普勒频移确定了行星的质量,二者之比(每单位体积的质量)就提供了行星密度的线索。

密度较大的行星如同我们地球一样是岩石行星,岩石行星可能适于栖息生命。但通过望远镜观测我们还能获得更多的行星特性。一个最重要的信息是行星围绕其恒星时的中天时刻(transit time)。地球是太阳的第三颗行星,其轨道周期为 365.26 个地球日。金星公转一周需要 224.7 个地球日,火星绕太阳一圈需要 687 个地球日。事实上,如果我们考察太阳系所有行星的轨道周期,会发现轨道周期长短直接与行星和太阳的距离相关。海王星(冥王星已不再被认定为行星)拥有最长的轨道周期(60 200 个地球日),对应约为 164 个地球年。换句话说,一个人在他的一生中无法目击海王星完整环绕太阳一周。但是,如果中天时刻与行星到恒星的距离相关,我们就可以确定一颗行星可能获得的恒星辐射。这个非常重要。

离我们最近的两个邻居,金星和火星,其星球表面都不再有液态水。原因是一个太热、一个太冷。在地球这个完美的星球上,温度保持相对恒定,保证了液态水在我们所知的地质历史中一直存在。一个原因是我们离太阳不是太近,另外一个原因是我们大气层中的温室气体一直随时间不断调节,后一点是非常引人注目的。

30亿年前的地球环境中,温室气体特别是二氧化碳和甲烷的浓度应该非常高,以应对较少较弱的太阳光照。在金星上,二氧化碳的浓度一直在增高,因为火山活动不停地释放二氧化碳。这导致水不断蒸发,在大气层顶部,水被紫外光裂解成为氧气和氢气。氢是最轻的元素,能够摆脱地球的引力释放到太空中,氧则与岩石发生反应被固定下来。经过一段时间,金星上海洋中的水就会被挥发殆尽。我们几乎可以肯定,这一现象在我们地球早期太阳逐渐升温、光照加强的数十亿年间也同样发生过。但我们的地球保持了大约40亿年的宜居环境,而火星和金星的表面则不再有液态水留存下来。

地球表面的液态水得以长期保存的原因是微生物进化与大气变化的不断反馈的结果。当微生物逐步建立一个全球性的电子市场,大气的组分发生了变化。二氧化碳从大气中逐渐被清除,其中大约20%变成有机物埋藏在岩石圈中。氧气,作为一种非温室气体,逐步积聚。这一变化导致了动物的产生。

尽管我们确信在目前的环境条件下金星上不存在蝴蝶,历史上也可能从未存在过。但是太阳系外是否有生命? 如果有,又有哪些证据可以证明呢?

如果我们能够确定行星的大气成分,了解它的质量与到恒星的距离,我们也许能推断出太阳系外是否有生命存在。吸引人的地方在于,这个方法可行。监测行星大气的主要方法是利用行星凌恒星过程中形成的"食"(从观察者的角度而言)。在"食"现象发生时,从恒星发出的光穿过薄薄的行星大气层。大气层中的气体吸收光线,食和非食现象中的光谱差异,可以用来推断行星的大气成分。运用一些复杂的技术,可以降低恒星光背景,从而精确确定望远镜监测到的光谱。这种测量毕竟需要设备的巨大投资,同时还需要许多宝贵的观测时间。因此,我们获得的系外行星大气成分资料远远少于对系外行星普查的结果。

我们能检测到的行星大气成分包括水蒸气、一氧化碳、二氧化碳、甲烷甚至乙炔。这些行星大都是气态的，非常接近它们的母恒星。它们非常大、非常热。因为没有一颗位于其恒星的宜居带中，所以没有一颗是适宜生命居住的候选行星。同时几乎可以肯定，未来10年，随着我们发现更多的行星以及观测设备的改进，情况有可能发生变化。

系外行星存在生命的证据在于其大气中气体的组成是否能保持平衡。说得更明确些，"平衡"是指气体可以通过行星本身的地质特性而产生。例如，在地球上，火山释放二氧化碳和甲烷，太阳带来的热量使得水蒸气蒸发，无论是否有生命存在。这些气体本身不能直接指示生命的存在。但是，在动物和植物出现以前，微生物改变了我们的大气成分，给了我们一些关于如何搜寻太阳系外宜居带的设想：找一颗靠近恒星又能保持表面液态水存在的行星。

一个显而易见的指标是氧分子的存在，它能形成平流层臭氧圈。在类地行星发现臭氧层而没有生命存在是难以想象的。在均衡条件下，在我们的知识范围内，臭氧不是一种能够自我保存的气体。另外一个不能保持自平衡的气体是一氧化二氮。如果类地行星上同时发现甲烷与一氧化二氮，几乎可以肯定生命的存在。

1613年1月，伽利略发现围绕木星的卫星以后，他又在我们太阳系发现了一颗肉眼看不到的行星。这颗行星就是海王星，它离地球大约450亿千米，也和我们一样围绕太阳旋转。400年后，天文学家估计仅仅银河系就有大约1440亿颗行星，宇宙中有1000亿个星系，这个数字是令人难以置信的。这意味着"我们是孤独的"这一概率是很小的。如果我们的行星是唯一拥有生命的行星，那么地球就中了超过$1/10^{22}$概率的彩票。我敢打赌在我们星系的近旁还会有另外一个中彩者——但我不赌。

考虑到概率，在位于宜居带的类地行星上发现远离均衡态的气体几乎是不可避免的。这一发现将对我们人类产生重大影响。它会让我们思考是什么让这类行星这样稀少或者不那么稀少，同时也迫使我们认识到生命可以在不同地方多次进化产生。我们会知道，一些纳米机器能够在行星表面实现电子跨越，这样会改变一个星球的气体组成。我们将知道起源于其他环境的一些行星气体的组成。尽管我们还不是完全确信，但我们可以推测，一个微生物系统能够使得星球环境变得有益于生命，甚至是对复杂生命体而言。

我们的系统发生树被限定在地球之上。如果我们与许多光年之外的生命有共同起源，这将超乎我们的信念。如果真是如此，那么回答生命起源问题是否有多条潜在途径呢？

摆脱了束缚的生命必须找到在另一颗行星生存的途径。但是如何找到呢？

只要一些基础系统能够运作，那颗行星就能保证一些反应能够独立于天地混沌中其他任何生命而持续下去。这些系统包括有机物质的某种地质循环。在地球上，这个过程是板块运动，并不是说只有这一个过程，而是说这是唯一一个在10亿年尺度上工作的过程。它还必须包括大气和/或一些流体，它们充当了微生物代谢的导线，使得代谢过程在整个行星范围内流动起来。

地球上的生命既脆弱又顽强。我确信地球上有蝴蝶，这种脆弱的生物在地球表面存在了超过2亿年时间。但像我们一样，它们的存在同样需要仰仗微生物机器。感谢微生物在这颗区区宇宙尘粒上为它们过度成长的亲戚营造了一个伟大的去处。动物和植物只是暂时地从它们的微生物祖先处租借并装饰了这颗宇宙微粒，微生物还在时刻为它们的未来亲属们维持着这个星球。

这一系列生命的巧合肯定不可能发生在纽约住房工程的升降梯上。但这一系列偶然却使得我们能够探索我们所在的星球，并搜寻光年之外的恒星及其行星上的外太空生命。我们是否能找到智慧生物是另外一个问题。智慧生物可能在我们的银河系邻居那里是一种奢侈品。他们在地球上进化只是在最近几百万年，也只是在最近几个世纪才发展出永久改变地球环境的技术。

如果我们是唯一的,我们需要了解我们的能力缺陷;如果我们还有其他伙伴,我们必须保持谦逊。当一个真核生物与它的真核伙伴谈话的时候要意识到,我们都是大型生物体,我们的存在可能仅仅是因为很早很早以前微生物纳米机器的进化。它们是我们真正的祖先,也是我们地球生命体真正的管家。

致谢

　　我从开始构思到断断续续地撰写此书有大约两年的时间。核心的理念均来自我在罗格斯大学每年教授"地球系统历史"课程过程中的所思所想，但我不想再额外写一本相关的教科书。我想接触更广泛的读者，并帮助阐明我们所知道的，关于微生物如何使我们的地球成为宜居环境的故事。大部分的工作是我在哈佛大学拉德克里夫高等研究院时期利用休假完成的。我非常感谢研究院的负责人与我的同事费洛斯（Fellows）阅读并对前面几章发表评论。我特别感谢贾亚瓦哈纳（Ray Jayawardhana）、夏皮罗（Tamar Schapiro）、希洛（Benny Shilo）和博南诺（Alessandra Buonanno）早期给予的帮助。同时我要感谢我哈佛的朋友和同事诺尔对我前期的章节的鼓励和批评以及后来与我在马萨诸塞州剑桥市进行的多次讨论。我感谢已故的朋友才野敏郎（Toshiro Saino）邀请我 2006 年在名古屋大学作了一系列的报告。首先，在日本的报告让我完成了本书的架构。其次，与其他人多年的交流帮助我形成了对微生物在地球生命形成过程中的意义的基本看法。我感谢芬切尔（Tom Fenchel）和德朗（Ed Delong）与我合作共同描述微生物在维持生物地球化学循环中的角色，那篇论文的撰写为本书相关章节的展开发挥了关键的作用。与已故的马古利斯在晚餐期间关于生物共生的讨论也非常有帮助。基尔施维克和罗辛（Minik Rosing）帮助我了解古老的岩石能告诉我们什么故事。很多人也在阅读相关章节后发表了建设性的意见，这也给予我很大的帮助。我要特别感谢普林斯顿大学出版社的埃尔沃西（Sam Elworthy），是他决定出版此书，感谢编辑卡勒特（Alison Kalett）用她的耐心与智慧帮助完善此书。我特别感谢我的妻子，萨里·拉斯金(Sari Ruskin),她富有建设性的评论和温柔的鼓励支持着我写作本书。我长期的朋友克罗斯(Bob Kross)给了我很多周到的建议。我要感谢杜利特尔(Ford Doolittle)、约翰斯顿(Dave Johnston)、坎菲尔德(Don Canfield)、霍夫曼(Paul Hoffman)和欧文(Doug Erwin)指出文中被忽略的错误。在我要求他对数个章节发表评论时,莱恩(Nick Lane)的表扬显得非常值得赞赏,我很高兴与他谈论本书的基本概念。这些年来我的学生、博士后以及同事们的帮助使我关于微生物在生物进化中的角色的观点得以成形。我感谢来自美国国家航空航天局(NASA)、美国国家科学基金会(NSF)、阿古朗研究所(Agouron Institute)、戈登和贝蒂·摩尔基金会的支持。我要感谢并致歉萨里和我的两个女儿:萨莎(Sasha)和米丽特(Mirit),为她们的耐心并理解我因为写作而牺牲本该和她们在一起的时间。我要感谢我在罗格斯大学的同事,我自1998年开始在那儿工作。我从没有猜到,作为一个生物物理学家和海洋学家,我最终会在地质系教授地球系统历史。但是最重要的,我要感谢我的父母,尽管他们都不是科学家,感谢他们在我小时候鼓励我追求人生梦想,为我提供获取知识的机会以及精神支持,这在我成年后一直给予我很大的帮助。

推荐阅读

第一章

The 1785 Abstract of James Hutton's Theory of the Earth. C. Y. Craig, editor. 1997. Edinburgh University Press. 这篇变革性的 30 页论文启发了莱伊尔。

Darwin and the Beagle. Alan Moorhead. 1983. Crescent Press. 生动且非常具有可读性地叙述了达尔文在"贝格尔号"上的生活,在某些方面比达尔文的原始版本更好。

Measuring Eternity: The Search for the Beginning of Time. Martin Gorst. 2002. Broadway Publisher. 一本关于我们如何了解地球年龄的书,它的描写出色、研究深入。

On the Origins of Species. Charles Darwin. 1964. Harvard University Press. 第一版的复印本。

Principles of Geology. Charles Lyell. 1990. University of Chicago Press. 这是莱伊尔所著的一套图书的复制本,加上了作者的插图。读起来有些乏味。

Seashell on a Mountaintop: How Nicolas Steno Solved an Ancient Mystery and Created a Science of the Earth. Alan Cutler. 2004. Plume Press. 关于化石如何被发现的伟大的历史性重现。

第二章

"The discovery of microorganisms by Robert Hooke and Antoni van Leeuwenhoek, fellows of the Royal Society." H. Gest. *Notes Rec. R. Soc. Lond.* (2004) 58:187—201. doi:10.1098/rsnr.2004.0055. 关于列文虎克以及他和罗伯特·胡克之间的友谊的精彩描述。

Microbe Hunters. Paul de Kruif. 1926. Harvest Press. 对微生物学特别是与疾病

相关的早期探索者的经典介绍。不过现在看来已经有点过时了。

Micrographia—Some Physiological Descriptions of Minute Bodies Made by Magnifying Glasses with Observations and Inquiries Thereupon. Robert Hooke. 1665. Reprinted 2010. Qontro Classic Books. 可以从以下网址 www. gutenberg. org/ebooks/15491 下载免费的复本。

第三章

The Age of Everything: How Science Explores the Past. Mathew Hedman. 2007. University of Chicago Press. 一本解释我们如何知道文明岁月、地球年龄以及宇宙年龄的好书。

Darwin's Lost World: The Hidden History of Animal Life. Martin Brasier. 2010. Oxford University Press. 以非常易读和亲切的方式论述了动物的进化。

Life on a Young Planet: The First Three Billion Years of Evolution on Earth. Andrew Knoll. 2004. Princeton University Press. 对前寒武纪微生物世界进行了令人愉快的描述。

第四章

Aquatic Photosynthesis. P. G. Falkowski and J. A. Raven. 2007. Princeton University Press. 一本同时从机械学和进化的角度描述光合作用基本原理的教科书。不适合意志薄弱者。

Life's Ratchet: How Molecular Machines Extract Order from Chaos. Peter M. Hoffmann. 2012. Basic Books. 一本解释分子机器运转的书,非常易读。

"There's plenty of room at the bottom: An invitation to enter a new field of physics." R. P. Feynman. 1960. 可通过以下网址 http://www. zyvex. com/nanotech/feynman. html 下载。这是一篇关于纳米机器的精彩论文。

What Is Life? The Physical Aspect of the Living Cell. Erwin Schrödinger. 1944. Cambrige University Press. 可通过以下网址 http://whatislife. stanford. edu/LoCo_files/What – is – Life. pdf 下载。这是一本讲述理论物理学家试图去理解生命如何工作的经典著作。

第五章

Cradle of Life: The Discovery of Earth's Earliest Fossils. J. William Schopf. 1999. Cambridge University Press. 从亲身经历的角度描述我们怎样发现前寒武纪微生物化石。

Eating the Sun: How Plants Power the Planet. Oliver Morton. 2007. HarperCollins. 完美地讲述了光合作用过程以及它们如何改变了地球。

Oxygen: A Four Billion Year History. D. E. Canfield. 2014. Princeton University Press. 一本论述氧气如何在地球上成为如此高丰度气体的好书。

Oxygen, The Molecule That Made the World. Nick Lane. 2002. Oxford University Press.

第七章

Microcosmos: Four Billion Years of Microbial Evolution. Lynn Margulis and Dorian Sagan. 1997. University of California Press. 解释了微生物进化和共生的重要性。

第八章

Lives of a Cell: Notes of a Biology Watcher. Lewis Thomas. 1978. Penguin Press. 托马斯经典论文集,迷人、诙谐、富有启发性。

Power, Sex, Suicide: Mitochondria and the Meaning of Life. Nick Lane. 2005. Oxford University Press. 一本描述线粒体如何工作以及它们在形成真核生物生命中的作用的好书。

Wonderful Life: The Burgess Shale and the Nature of History. Stephen J. Gould. 1989. W. W. Norton. 古尔德(Gould)最好的书之一,展示了古生物的迷人历史。

第九章

The Alchemy of Air: A Jewish Genius, a Doomed Tycoon, and the Scientific Discovery That Fed the World but Fueled the Rise of Hitler. Thomas Hager. 2008. Three Rivers Press. 关于哈伯和博施,以及导致氮肥工业生产的化学反应的历史。

From Hand to Mouth: The Origins of Human Language. Michael C. Corballis.

2003. Princeton University Press.

The Genesis of Germs: The Origin of Diseases and the Coming Plagues. Alan L. Gillen. 2007. Master Books. 描述微生物疾病如何进化和传播的书。不推荐给睡前读者。

Microbes and Society. Benjamin Weeks. 2012. Jones and Bartlett Learning.

第十章

The Double Helix: A Personal Account of the Discovery of the Structure of DNA. James D. Watson. 1976. Scribner Classics. 书名已说明一切。

Introduction to Systems Biology: Design Principles of Biological Circuits. Uri Alon. 2006. Chapman and Hall/CRC Press. 一本相当枯燥无味的书，不适合意志薄弱者。

Life at the Speed of Light. J. Craig Venter. 2013. Viking. 从历史和个人的角度对合成生物学如何嵌入当代科学文化进行概述。

Regenesis: How Synthetic Biology Will Reinvent Nature and Ourselves. George Church and Edward Regis. 2014. Basic Books. 从化学家的角度回顾地质学以及对人类遗传性地改变微生物和我们自己的能力进行历史性概述。

Rosalind Franklin and DNA. Anne Sayre. 1975. W. W. Norton. 关于DNA结构如何被发现的历史回顾。

第十一章

How to Find a Habitable Planet. James Kasting. 2010. Princeton University Press. 关于天文学家如何能够鉴别我们太阳系外生命的逻辑的绝佳读本。

The Life of Super-Earths: How the Hunt for Alien Worlds and Artificial Cells Will Revolutionize Life on Our Planet. Dimitar Sasselov. 2012. Basic Books. 萨塞洛夫(Sasselov)是天文学家，这是他关于生命起源以及如何可能在我们的银河系中找到生命的论述。

Rare Earth: Why Complex Life Is Uncommon in the Universe. Peter Ward and Donald Brownlee. 2000. Copernicus Books. 对于包含复杂生命的行星数量，作者提出了悲观的观点。

Life's Engines:

How Microbes Made Earth Habitable

by

Paul G. Falkowski

Copyright © 2015 by Princeton University Press

Chinese (Simplified Characters) Translation Copyright © 2017

by Shanghai Scientific & Technological Education Publishing House

Publish by arrangement with Princeton University Press through

Bardon Chinese Media Agency

ALL RIGHTS RESERVED

No part of this book may be reproduced or transmitted in any form or

by any means, electronic or mechanical, including photocopying, recording or

by any information storage and retrieval system, without permission

in writing from the Publisher.

上海科技教育出版社业经 Bardon Chinese Media Agency 协助

取得本书中文简体字版版权

责任编辑　王怡昀　殷晓岚

装帧设计　汤世梁

封面古菌图片由赵维殳提供,深海细菌及噬菌体图片由蹇华哗提供

哲人石丛书

生命的引擎
——微生物如何创造宜居的地球

[美]保罗·G·法尔科夫斯基　著

肖湘　蹇华哗　张宇　徐俊　刘喜朋　王风平　译

上海科技教育出版社有限公司出版发行

(上海市闵行区号景路 159 弄 A 座 8 楼　邮政编码 201101)

网址:www.sste.com　www.ewen.co

各地新华书店经销　天津旭丰源印刷有限公司印刷

ISBN 978-7-5428-6635-6/N·1022

图字 09-2017-170 号

开本 635×965　1/16　印张 13　插页 4　字数 173 000

2017 年 12 月第 1 版　2022 年 6 月第 2 次印刷

定价:49.80 元

哲人石丛书

当代科普名著系列　　当代科技名家传记系列
当代科学思潮系列　　科学史与科学文化系列

第一辑

第 二 辑

第 三 辑

第四辑